Andrea & Werner Buchberger

WALD & MENSCH IM ZEITEN WANDEL

Eine Pandemie als Chance für unsere Gesellschaft

freya

READ
GLOBAL
BUY
LOCAL

ISBN 978-3-99025-429-5
© 2021 Freya Verlag GmbH
Alle Rechte vorbehalten

Layout: freya_art, Regina Raml-Moldovan
Lektorat: Dorothea Forster
Bildmaterial: Werner Buchberger, weitere Credits siehe Seite 176

Anmerkung: Die hier wiedergegebenen Informationen sind nach bestem Wissen und Gewissen zusammengestellt, dennoch übernehmen weder die Autoren noch der Verlag eine Haftung für Schäden, welcher Art auch immer, die sich direkt oder indirekt aus dem Gebrauch der hier vorgestellten Anwendungen ergeben könnten.

printed in EU

Inhalt

Unser Wald

› Aus Sicht des *Ökonomen* ist der Wald eine Produktionsstätte von Holz, ein Wirtschaftsfaktor und Arbeitsplatz.

› Aus Sicht des *Ökologen* ist der Wald ein Ökosystem, ein natürlicher Lebensraum für unzählige Lebewesen.

› Aus Sicht des *Landwirtes* und *Waldbesitzers* ist der Wald Einkommensquelle, finanzielle Reserve für besondere Situationen und manchmal sein ganzer Stolz.

› Aus Sicht vieler *Touristen* und *Erholungssuchender* ist der Wald ein Ort der Ruhe und Erholung, der für jedermann zugänglich ist.

› Aus Sicht eines *Kindes* ist der Wald ein mystischer Lebensraum, ein spannender Ort, abseits des Alltags, voller Überraschungen, voller Tiere, Lebewesen, Baumwesen, Zwerge, Elfen und anderer Naturwesen.

› Aus der Sicht der *Naturwesen* ist der Wald ihre natürliche Heimat, Teil der Natur, in der Verbindung mit allem, was ist.

Vorwort

Es ist jetzt Zeit neue Denkweisen gegenüber unserer Gesellschaft und der Natur zuzulassen. Die aktuellen Ereignisse, das Weltgeschehen zeigen uns auf, dass herkömmliche Denkmuster und Vorgangsweisen nicht mehr funktionieren.

Daher starte ich gemeinsam mit meiner Frau einen Aufruf in Form dieses Buches, Achtsamkeit und Mitgefühl gegenüber unserem eigenen Leben, unserer Umwelt, der Natur und ihren verschiedenen Bewohnern zu leben.

Durch meine mittlerweile vierzigjährige berufliche Tätigkeit als Förster möchte ich mittels einer kurzen Zeitreise, meiner eigenen Geschichte, meiner Erfahrungen und Beobachtungen darstellen, wie es zur heutigen Konstellation in der Natur, in unserer Gesellschaft kommen konnte. Es liegt eine Sachlage vor, in der die Natur, unsere Wälder regelrecht leiden, ja um Hilfe rufen und unsere Hilfe dringend benötigen.

Gemeinsam mit meiner Frau, die besonders über ihre medialen Fähigkeiten Zugang zu den Naturwesen und verschiedenen feinstofflichen Bewohnern des Waldes hat, möchte ich Ihnen unsere Erfahrungen und Informationen auch über diese Ebenen in verständlicher Form näherbringen.

Wir zeigen Ihnen auch neue Modelle und Möglichkeiten auf, wie wir Menschen in Zukunft dem Wald und seinen Bewohnern begegnen und mit ihnen gemeinsam leben sollten.

Möglichkeiten der achtsamen Nutzung der Wälder, zukünftige Waldformen für Wirtschaft und Erholung sowie vor allem die Naturbelassenheit unserer Wälder sind uns ein großes Anliegen und Teil unserer Botschaft.

Fingerhut

Eine Pandemie als Chance für unsere Gesellschaft!

Liebe Freunde von Mutter Erde, eines Tages im Frühjahr 2020 wurden wir alle von einem Virus, das weltweit Gesellschafts- und Wirtschaftssysteme lahmlegte, überrascht. Eine weltweite Pandemie, eine Krise, mit der so niemand gerechnet hatte, bewirkte, dass plötzlich alles anders war.

Ich möchte Ihnen die jetzige Situation, so wie ich sie sehe, vor Augen führen, an Hand meiner eigenen Geschichte, meiner Erfahrungen und Beobachtungen als Förster und bewusster, sensitiver Mensch. Folgen Sie mir auf dieser Zeitreise, es ist eine Reise durch mein Leben voller grenzwertiger, neuer Erfahrungen, voller Wunder, vor, während und nach der Krise.

Ich gliedere diese meine Geschichte in drei Abschnitte: *die Zeit vor der Pandemie, die Zeit im Hier und Jetzt sowie die Zeit danach.*

Es bedarf dazu einer Reise in die Vergangenheit, circa 40 Jahre zurück in meine Jugend, in die Siebziger und achtziger Jahre. Die Dogmen der Wirtschaft und der Wissenschaft damals waren Gewinnmaximierung und Rationalisierung. Egal ob Land- oder Forstwirtschaft, Industrie, Gewerbe oder Handel, alles sollte schneller, besser und höher werden. Diesem Denken wurde alles andere untergeordnet. Die Begriffe wie Naturschutz, Ökosystem existierten nur in den Gedanken einiger sogenannter realitätsfremder, wirtschaftsfeindlicher Spinner, wie diese Vordenker und grünen Pioniere der damaligen Zeit genannt wurden.

Es wurde begonnen Produktionsstätten und Fabriken in sogenannte Billiglohnländer zu verlagern, in unserer Heimat wurden die Produktionsabläufe optimiert, Arbeiter wurden entlassen. Staatliche Betriebe wurden verkauft und privatisiert. Die Gewinne der Konzerne konnten nicht hoch genug sein. Dies war der Beginn des rasend schnellen weltweiten Wirtschaftswachstums, das anscheinend keine Grenzen kannte und durch nichts aufzuhalten war.

Dies geschah alles, ohne dass man sich Gedanken über die ökologischen Auswirkungen, die Zukunft unserer Lebensräume und uns Menschen gemacht hätte. Das war der letzte Stand der Wissenschaft. Wer andere Denkweisen wie diese rein wirtschaftlich orientierten hatte, war rückständig oder nicht ernst zu nehmen.

Der zunehmende weltweite Raubbau an der Natur, die Abholzung unserer Urwälder weltweit, die nicht artgerechte Tierhaltung und die Fütterung mit wachstumsfördernden Hormonen und Antibiotika waren ein weiterer Schritt in diese Richtung. Wertschätzung gegenüber der Natur, Tier und Mensch sind für viele noch immer Fremdwörter. Auch der Mensch ist Teil dieser Produktionskette des Gewinnstrebens.

Erste Zeichen und Katastrophen wie das Waldsterben in den achtziger Jahren und die Reaktorkatastrophe von Tschernobyl wurden von der Bevölkerung zwar kurzfristig schockiert wahrgenommen, doch bald wieder vergessen und das Spiel konnte weitergehen. Es war jedoch auch die Zeit der ersten Gründungen von Ökobewegungen. Diese Denk- und Handlungsweisen der letzten Jahrzehnte waren die Wurzeln und Ursachen vieler Probleme unserer heutigen Zeit. Du erntest, was du säst.

Der nächste große Schritt in der Wirtschaft war die Globalisierung. Die weltweite Vernetzung der Finanz- und Wirtschaftswelt ging in großen Schritten voran. *Geiz ist geil, genug ist nicht genug.* Die Welt wurde teilweise zum Spielball von Zockern und Finanzspekulanten. Waren und Finanzen wurden weltweit umhergeschoben. Je höher das Risiko, desto höher die Gewinnchancen oder Rendite war das Motto. Finanzkrisen mit Milliarden Rettungspaketen waren die Folge!

Der weltweite Transport, der Motor der Globalisierung, wurde immer billiger. Waren möglichst finanzschonend weltweit von A nach B zu transportieren war praktisch kein Problem mehr. Brennholz aus Südafrikas Holzplantagen konnte billiger produziert und geliefert werden, als heimisches Brennholz, billiger chinesischer Granit wurde auf Holzpaletten nach Österreich importiert. Als Begleiterscheinung dieser weltweiten Transporte wurden Schädlinge aller Art in fremde Länder exportiert, mit ihren Auswirkungen auf die Natur, die Bäume und unsere Wälder.

So wurde vor etwa zwanzig Jahren ein Pilz aus Ostasien eingeführt, der heute zu einem flächenhaften Eschensterben geführt hat und praktisch alle Eschen in unserem Land umbringt. Käfer wie der Asiatische Laubholzbockkäfer waren plötzlich bei uns. Die Bekämpfung dieses Schädlings verursachte Kosten in Millionenhöhe. Tausende Laubbäume wurden befallen oder mussten entfernt werden. Aber auch andere Länder leiden unter diesem weltweiten Schädlingstourismus, wie etwa die Olivenbäume in Süditalien.

Kommt uns das nicht alles bekannt vor, wenn man diese Probleme genauer betrachtet? Es hat uns Menschen in unserem so zivilisierten Land jedoch noch nie direkt betroffen und wenn, dann nur Einzelne in Form von finanziellen Einbußen. Für viele Bäume bedeutete diese Schädlingsflut jedoch den Tod.

Ähnlich verhielt sich der Verlauf diverser Pandemien und Seuchen im Bereich der Tierwelt. Ob Vogelgrippe, Schweinepest oder ähnliche Erkrankungen, auch hier wurden nur verschiedene Berufsgruppen davon berührt. Diese wurden dann meist durch staatliche Förderungen entschädigt. Das Leid der Tiere war nie ein Thema.

Regional begrenzte Seuchen und Pandemien beim Menschen betrafen meist nur arme Entwicklungsländer, deren Gesundheitssysteme kaum dem Standard der heutigen Industrieländer der westlichen Welt entspricht.

Doch es kam, wie es kommen musste. Durch die Globalisierung, den weltweiten Tourismus und Handel wurde ein Virus verbreitet, welches wir auch mit unserer sogenannten Hightech-Gesellschaft nicht aufhalten konnten. Ein Virus, das sich an keine Grenzen und keine rechtlichen Bestimmungen hält. Es ist eine kontinuierliche weltweite Entwicklung, die nun auch bei uns Menschen angekommen ist. Zuerst ein Artensterben im Pflanzen- und Tierreich und letztendlich als Teil der natürlichen Kette eine Pandemie bei uns Menschen. Es ist eine weltweite Entwicklung auf verschiedenen Ebenen, die nun alle Lebewesen dieser Erde betrifft.

Es geht darum, die Lehren aus diesen Ereignissen der Vergangenheit zu ziehen und sie als Chance zu sehen, um daraus zu lernen.

Abseits der herausfordernden Aufgaben an die Gesellschaft und jeden Einzelnen, die diese Krankheit mit sich bringt, zwingt sie uns Menschen neue Wege und Denkweisen einzuschlagen. Diese neue kollektive Erfahrung der Menschheit bringt eine Entschleunigung mit sich, ist eine Zeit des Nachdenkens, ein Reset unserer Gesellschaft und der Wirtschaft. Sie ist gleichzeitig ein Aufruf an unsere Liebesfähigkeit, eine Eigenschaft, die wir wieder mehr gegenüber uns selbst, den Nächsten und unserer Umwelt entwickeln sollten.

Nur in der Ruhe können wir wieder klare Gedanken fassen, unsere Herzen wieder öffnen, unsere eigenen Bedürfnisse und Erwartungen an das Leben erkennen und uns somit neu orientieren. Dazu braucht es anscheinend eine Pandemie, die unsere Notbremse zieht, bevor uns der tägliche Wahnsinn in die Tiefe reißt.

Krankheit ist eine der stärksten Beweggründe Dinge und Lebensgewohnheiten zu ändern. Ein solches Ereignis bewirkt eine Änderung des kollektiven Denkens und somit des Denkens jedes Einzelnen. Die daraus resultierenden Erfahrungen, die im kollektiven Bewusstsein gespeichert werden, bewirken, so möchten wir hoffen, auch Änderungen der Gesellschaft. Obwohl nach der Pandemie viele weiterleben möchten wie bisher, bewirkt sie doch bei etlichen viel Positives! Wenn nur zehn bis 20 Prozent der Menschen versuchen, ihr Leben dahingehend zu ändern, mehr Lebensfreude, mehr Mitgefühl und einen achtsameren Umgang mit sich und ihrer Umwelt zu praktizieren, so hat dies eine enorme Wirkung auf unsere Gesellschaft, eine Vorbildwirkung, die wiederum viele Nachahmer umdenken lässt und Mut macht!

Ebenso kann die momentane Krise eine direkte Auswirkung auf unseren Konsum haben, die Wirtschaft und den Verkehr, somit letztendlich auf unsere Umwelt und unsere Lebensqualität. So kann durch diese Pandemie ein Lernprozess für uns alle stattfinden.

Im Moment jedoch stellen Dauer und Auswirkungen dieser Krankheit eine Herausforderung für jeden Einzelnen und unsere Gesellschaft dar.

In unseren Geschichtsbüchern, so hoffe ich, wird unsere Zeit jedoch als Auslöser eines langfristigen Umbruchs der Gesellschaft und des Denkens, als eine Zeit der Entschleunigung und des sozialen Mitgefühls, welche speziell von jungen Menschen mitgetragen und umgesetzt wurde, aufscheinen. Die Auswirkungen dieser Krise hängen auch vom verantwortungsvollen Handeln des Einzelnen, der Politik und der Gesellschaft ab.

Die momentan wichtigen Fragen sind: *Wie gehen wir mit unseren Ängsten um? Wie schöpfen wir aus dieser Krise Kraft und Vertrauen, um unsere Zukunft bewusster und lebenswerter zu gestalten?*

Und nicht zuletzt: *Wie gehen wir mit unseren Ressourcen, unserer Umwelt und letztendlich mit uns selbst um?*

Wie alles begann – ich und der Wald

Als sechzehnjähriger junger Mann wusste ich noch nicht wirklich, wohin mich mein beruflicher Weg führen würde. Da meine Liebe zur Natur ausgeprägt war, folgte ich den Vorstellungen meines Vaters, sie beruflich umzusetzen.

Meine Wurzeln sind väterlicherseits landwirtschaftlich geprägt, mein Großvater war Bergbauer und Bindermeister im oberösterreichischen Steyrtal. Mütterlicherseits fließt ebenfalls Holz in meinen Adern, da mein Großvater eine Fassbinderei in Niederösterreich betrieb. Der Bezug zu Holz und Natur war also durch meine Ahnen gegeben.

In den siebziger Jahren absolvierte ich meine Ausbildung als Förster, ein neuer Lebensabschnitt für mich begann. Alte Traditionen, konservatives Gedankengut und jagdliche Interessen prägten diese Ausbildung. Schüler aus ganz Österreich mit verschiedenen Dialekten, Jugendliche, vom Vorarlberger Bergbauern bis zum Wiener Großstadtbewohner, waren meine Kollegen. Es handelte sich aber auch um jene Zeit, in der ich mein Elternhaus verließ, um selbstständig zu werden und auf eigenen Beinen diese für mich neue Welt zu erkunden.

Zu Beginn meiner forstlich-schulischen Laufbahn durfte ich gleich einmal neue Erfahrungen in Gestalt eines jungen ambitionierten Deutschprofessors, der auch Erzieher im Internat war, machen. Er versuchte uns liberales Gedankengut eines damals noch unbekannten jungen österreichischen Künstlers namens Reinhard Fendrich zu vermitteln. Diese Gedanken von Freiheit und kritischem Hinterfragen mancher Gesellschaftssysteme, die in den Gedichten und Texten beschrieben waren, entsprachen jedoch nicht dem Lehrinhalt, der vermittelt werden sollte.

Ich nahm mit einigen Mitschülern an meiner ersten Schülerdemonstration teil, um den beliebten Professor an der Schule zu halten. Das war für die Mitte der siebziger Jahre ein außergewöhnliches Ereignis an dieser konservativen Stätte, jedoch ohne Erfolg. Der beliebte Professor musste gehen. Kunst und Kultur wurde hier weiter vom traditionellen forstlichen Gedankengut, Jagdhornblasen und waidmännischem Brauchtum getragen.

Meine Ausbildungsstätte vertrat eine hierarchisch, von Männern geprägte Gesellschaftsform. Man versuchte mir beizubringen, dass alles seine Ordnung haben müsse und es selbstverständlich sei, allen Anweisungen Folge zu leisten und sich somit dem System unterzuordnen. Dies war anscheinend notwendig, damit man künftige Arbeitsaufträge im Sinne der Vorgesetzten ordnungsgemäß erledigen konnte, ohne sich Gedanken darüber zu machen, ob diese sinnvoll seien. **Es zweifelte auch niemand die Richtigkeit der damals vorherrschenden forstlichen Lehrmeinung an, die lautete:** *Wie kann ein Wald in möglichst kurzer Zeit einen möglichst hohen Ertrag erzielen!* Eine der Antworten war kurz und präzise, sie hieß *Fichte!*

Mit den Auswirkungen dieser seinerzeitigen Denk- und Handlungsweise kämpfen wir nun seit vielen Jahren. Ich muss dazu ausführen, dass die Fichte in kühleren Regionen und in höheren Lagen, ab ca. 600 Höhenmetern, damals ihr natürliches Verbreitungsgebiet hatte. Durch die Klimaerwärmung änderte sich jedoch später vieles.

In den folgenden Praxisausbildungen, die ich in den Wäldern der Österreichischen Bundesforste absolvierte, mussten wir gemeinsam mit Forstarbeitern Hunderte Hektar junger Laubmischwälder läutern, um Platz für die Wirtschaftsbaumart Fichte zu machen. Die dabei verwendeten Kontaktherbizide wie *Tormona 100* wurden damals bedenkenlos verwendet. Dieses hochgiftige Mittel bewirkt, dass der Saftstrom der Laubbäume unterbrochen wird und die jungen Bäume innerhalb kurzer Zeit absterben. Durch diese sogenannte chemische Läuterung wurden riesige Flächen natürlicher Laubmischwälder in meinem damaligen Arbeitsbereich vernichtet. Diese hochwirksamen Kontaktgifte wurden erfolgreich eingesetzt, um Platz für die Wirtschaftsbaumart Fichte zu machen. Dies war der letzte Stand der Wissenschaft, unterstützt durch die Argumente von Wirtschaftsexperten. Wir führten die Anweisungen durch, ohne uns wirklich Gedanken über die Auswirkungen dieser Handlungen zu machen. Wir funktionierten im Sinne des Systems und der Wirtschaft. Diese Mittel sind heute glücklicherweise verboten.

Nachdem ich meine Ausbildung erfolgreich abgeschlossen und alle Prüfungen und Praktika absolviert hatte, begann ich meine Laufbahn zu Beginn der achtziger Jahre als junger Förster bei den Österreichischen Bundesforsten, dem Österreichischem Staatswald.

Es war jene Zeit, als der staatliche Wald in eine AG umgewandelt und somit fit für die Weltwirtschaft gemacht werden sollte. Gewinnmaximierung und Optimierung der Arbeitsabläufe war auch in unseren Wäldern angesagt! Es wurde die Akkordarbeit im Wald eingeführt. Vollautomatisierte Erntemaschinen verdrängten die Handarbeit und die bodenschonende Holzrückung durch Pferde im Wald war Geschichte. Hunderte Kilometer Forststraßen wurden gebaut, um das Holz möglichst kostengünstig abtransportieren zu können. Der Wald wurde maschinengerecht gemacht.

Akkordtabellen und Wirtschaftlichkeitsrechnungen waren die neuen Lehrmeister in der Forstwirtschaft. Erste

Versuche von datengestützten Produktionsabläufen wurden durchgeführt. Holzmessen mit Lochkarten für die ersten Computer waren die damals letzten Errungenschaften der Technik. Das alles, um die Fichtenmonokulturen, das damalige sogenannte Wirtschaftspotenzial der Zukunftswälder, zu fördern und das Betriebsergebnis zu optimieren.

Bei meinem Arbeitgeber, den Österreichischen Bundesforsten, schritt zu diesem Zeitpunkt die technische Entwicklung der mechanischen Holzernte und die damit verbundene Umstrukturierung der Forstverwaltungen in immer größere Reviereinheiten rasant voran. Das Ökosystem Wald wurde zur holzproduzierenden Wirtschaftsfläche. Die Wirtschaftsplaner sahen im Zukunftswald ein Spielfeld mit genau planbaren Wäldern, ähnlich wie sie in landwirtschaftlichen Großbetrieben vorexerziert wurden, lediglich mit längeren Produktionszeiträumen. Zahlen und Rechenbeispiele untermauerten diese Thesen. Wirtschaftspläne, sogenannte Operate, die jeweils für die Dauer von zehn Jahren die Basis aller forstlichen Arbeiten des Betriebes waren, mussten genau eingehalten werden. Voraussetzung war, dass sich auch die Natur an diese wirtschaftlichen Spielregeln hält.

Weiters wurden in diesem Zeitraum natürliche Moorgebiete mit Fichten angepflanzt, Flüsse wurden reguliert, Obstbäume auf Streuobstwiesen entfernt, natürliche Biotope wirtschaftlich nutzbar gemacht, unterstützt durch staatliche Förderungen. All diese Handlungsweisen der letzten Jahrzehnte hatten natürlich auch Auswirkungen auf die aktuelle Situation unserer Natur und müssen heute teilweise wieder saniert oder renaturiert werden.

Nach einigen Jahren forstlich-betrieblicher Praxis beschloss ich eine berufliche Neuorientierung gemeinsam mit meiner Frau, die ihre Ausbildung zur Lehrerin absolviert hatte. So begann ich Ende der achtziger Jahre meinen Beruf als Bezirksförster im Oberen Innviertel in Oberösterreich anzutreten. Gemeinsam zogen wir in diese für uns neue Gegend, für mich in neuer Funktion, mit neuem Aufgabengebiet.

Dieser Zeitraum in den achtziger Jahren war auch geprägt von beginnendem Widerstand gegen das unbegrenzte Wirtschaftswachstum und die bedenkenlose Zerstörung der Natur, unterstützt von ambitionierten Umweltschützern. Die ersten Gründer der Grünbewegung in der Hainburger Au verhinderten ein Abholzen dieser, die Demonstrationen gegen das AKW Zwentendorf mit der anschließenden Volksbefragung samt ihrem überraschenden Ergebnis und dem Ende der Atomkraft in Österreich war ein Meilenstein in der österreichischen Geschichte. In diese Periode fiel auch der Reaktorunfall von Tschernobyl mit seinen fatalen Auswirkungen auf die Umwelt. Es war der Beginn eines Umdenkprozesses, ausgelöst durch verschiedene Ereignisse. Die rein wirtschaftlichen Interessen wurden erstmals von größeren Gruppen hinterfragt. Es war die Zeit der ersten Öko- und Grünbewegungen.

Wie ging es weiter in meiner neuen forstlichen Tätigkeit? Die Beweggründe und Vorteile meines neuen Betätigungsfeldes waren, dass ich mein Wissen in Form von Beratungen und forstlich geförderten Projekten an private Waldbesitzer vermitteln konnte. Meine Ziele, natürliche Mischwälder in Form von Laubholz- und Tannen-Naturverjüngungen in meinem Aufsichtsbereich zu begründen, waren zu dieser Zeit noch sehr ambitioniert und stießen nicht immer auf fruchtbaren Boden. Es ging hier nicht mehr allein um das Erreichen wirtschaftlicher Ziele, sondern auch um neue Gedanken und Möglichkeiten, wie Wälder in Zukunft natürlicher und somit auch stabiler sein könnten.

Ich bekam in meinen Bestrebungen unerwartete Hilfe von Mutter Natur. Im Februar 1990 brach eine verheerende Sturmfront über Westeuropa und unser Land herein und verwüstete unsere Wälder. Besonders die Fichtenreinbestände wurden stark geschädigt. Hunderttausende Festmeter Sturmschadholz mussten aufgearbeitet werden. Mit Hilfe aller verfügbaren Kräfte, der Feuerwehren und des österreichischen Bundesheers, sämtlicher Maschinen und Panzer, die wir besorgen konnten, versuchten wir diese Katastrophe zu bewältigen.

Eines wurde mir jedoch klar: *Sämtliche Wirtschaftlichkeitsrechnungen für unsere Wälder und deren betriebswirtschaftliche Prognosen wurden über Nacht zunichtegemacht.* Mutter Natur zeigte uns auf, dass sie nicht wirklich plan- und berechenbar ist. Es war dies auch der Beginn eines neuen Zeitalters, da sich hier die Klimaerwärmung, die Borkenkäfermassenvermehrungen und die damit verbundenen Auswirkungen auf unsere Wälder erstmals zeigten. Dies wollten anfangs natürlich viele noch nicht wahrhaben. Wiederkehrende schwere Sturmereignisse mit den damit verbundenen Käferproblemen zeigten diese Situation jedoch immer deutlicher auf. Mutter Natur stellte uns das Ergebnis unserer waldbaulichen Bemühungen der Vergangenheit vor Augen.

Was sich jedoch für alle Beteiligten änderte, war, dass es unmöglich wurde, langfristig wirtschaftliche Planungen durchzuführen. In Wirklichkeit war es ein Wettlauf mit der Zeit. Schadereignisse wie Unwetter, Stürme, Trockenheit, Schneedruck und die damit verbundenen Borkenkäfermassenvermehrungen zeigten uns die Veränderung des Klimas immer mehr auf. Die Forstbetriebe und Waldbesitzer konnten nur noch reagieren, in Form von ständigem Aufarbeiten des angefallenen Schadholzes. Der Holzpreis und die damit verbundene Wertschöpfung des Waldes waren immer mehr großen Schwankungen ausgesetzt und der Rohstoff Holz verlor aus finanzieller Sicht immer mehr an Wert.

Ich war also mit meinen Vorstellungen, natürliche, standortgemäße Wälder zu begründen, auf dem richtigen Weg. Verschiedene Probleme, die diesem Ziel jedoch noch entgegenstanden, wie der zu hohe Wildbestand, brauchten noch Zeit, um manche Menschen von den notwendigen jagdlichen Begleitmaßnahmen zu überzeugen. Überall dort, wo der Mensch im Lauf von Jahrzehnten in das natürliche Gleichgewicht eingegriffen hatte, musste dieses wieder ausgeglichen bzw. reguliert werden.

Die Jagd ist ein wichtiges Themenfeld, welches eng mit der Forstwirtschaft verbunden ist. Es geht hier nicht darum, ob man für oder gegen die Jagd ist. Ich persönlich übe die Jagd nicht aktiv aus. Fakt ist jedoch, dass die Jagd so alt wie die Geschichte der Menschheit ist und sich im Laufe der Entwicklung der Menschheit sowohl gesellschaftlich als auch in der Form ihrer Ausübung ebenso weiterentwickelt hat.

Das Problem zu jener Zeit nach den Sturmereignissen war, dass der zu hohe Wildbestand in den letzten Jahrzehnten eine natürliche Verjüngung der Wälder verhinderte und somit dringender Handlungsbedarf seitens der Forstwirtschaft und der Jägerschaft gegeben war. Die Interessen und Ansichten beider Gruppen zu diesem Thema waren jedoch in den neunziger Jahren alles andere als konform. Es war ein Lernprozess auf beiden Seiten, ein Aufeinander-Zugehen, mit heftigen Diskussionen und Konflikten, der einige Zeit dauerte, bis beide Seiten die Argumente des jeweils anderen akzeptierten. Schließlich wurde eine Vorgangsweise geschaffen, die auch praktisch durchführbar war: Die Wildstandsreduktion auf Basis eines regelmäßigen Monitorings auf sogenannten Vergleichsflächen, wo der Anteil des Wildverbisses an den jungen Forstpflanzen erhoben wird. Diese wiederum ist die Basis für die Abschussplanung. Artgerechte Fütterung und Zäunungen der Verjüngungsflächen sind weitere Punkte zur Erreichung der waldbaulichen Ziele. Dies alles geschieht im Einvernehmen zwischen den Waldbesitzern, der Jägerschaft und der Forstbehörde und wird mittlerweile von allen

Seiten akzeptiert. Das positive Resultat dieser Zusammenarbeit sind viele natürliche Laubholz- und Tannenverjüngungen in meinem Aufsichtsbereich, die vor einigen Jahren so nicht möglich gewesen wären. Es ist ein positives Beispiel der Lernfähigkeit und eines breiten Konsenses verschiedener Interessengruppen zum Wohle des Waldes. Langfristiges Ziel ist eine selbstständige natürliche Verjüngung unserer Wälder ohne menschliche Eingriffe.

Wenn ich jetzt einige Jahre in meiner beruflichen Tätigkeit weitergehe, so wurden die Szenarien des Klimawandels und der damit verbundenen Probleme für unseren Wald immer intensiver.

Zum näheren Verständnis möchte ich Ihnen daher die Situation des Waldes, in unserer Heimat, so wie ich sie wahrnehme, etwas detaillierter erklären: In unserem Land gibt es aktuell verschiedene Ursachen und Probleme, mit denen der Wald und die Bäume in den letzten Jahren kämpfen. Fast ausnahmslos liegt die Ursache dieser Probleme im unbewussten Handeln und den daraus resultierenden Folgen von uns Menschen. Es geht wie schon erwähnt um Gewinnmaximierung und um kurzfristiges Denken, welche die Zerstörung der Natur bewirken. Daher ist bewusstes nachhaltiges Leben und Denken, wie wir der Natur und dem Wald helfen können, jetzt höchst notwendig. Der Begriff *Nachhaltigkeit* kommt aus der Forstwirtschaft und prägte diese lange Zeit in unserer Heimat.

Die Fichtenmonokulturen, das damalige sogenannte Wirtschaftspotenzial der Zukunftswälder, werden also seit einigen Jahren vom Borkenkäfer und dem Klimawandel mit seinen Stürmen und steigenden Temperaturen vernichtet.

Durch den Temperaturanstieg und die damit verbundene steigende Verdunstung sowie die geringere Niederschlagsmenge sinkt unser Grundwasserspiegel. Dies kann durch einzelne Unwetterereignisse und Starkniederschläge nicht wettgemacht werden, sondern dies verstärkt die Situation noch. Weiters sind noch immer große Waldgebiete mit Fichten, die bekanntermaßen Flachwurzler sind, bestockt. Die Fichten stehen praktisch im Trockenen, da ihre flachen Wurzeln den Grundwasserspiegel einfach nicht erreichen. Durch diese Situation werden sie geschwächt und sind eine willkommene Brutstätte für die Borkenkäfer.

In warmen, trockenen Jahren, also in Jahren mit optimalen Lebensbedingungen für den Borkenkäfer, können sich bis zu drei Generationen entwickeln. Dies bedeutet eine Population von einigen Hunderttausend Käfern, die sich aus diesem Mutterkäfer in einem Jahr entwickeln können. Es bedeutet den Tod für Hunderte Fichten. Man könnte auch sagen, der Borkenkäfer hilft der Natur wieder in die natürliche Ordnung zu kommen, auch wenn diese großen Kahlschläge für uns Menschen wie ein Schlachtfeld aussehen. Daher sind die vorher beschriebenen Bemühungen natürliche, standortgerechte Mischwälder, die an die neuen Klimabedingungen angepasst sind, anzupflanzen oder die Naturverjüngung zu forcieren, eine dringende Notwendigkeit der heutigen Zeit.

Ein weiteres Argument für die natürliche Verjüngung unserer Wälder ist folgendes: *Durch die mittlerweile riesigen Schadholzflächen in unseren Wäldern und die damit verbundenen notwendigen Aufforstungsvorhaben, ist es zur Zeit kaum möglich die enormen Mengen an Forstpflanzen, die dazu benötigt werden, in Forstgärten zu erzeugen und in den Handel für die Waldbesitzer zu bringen.* Daher ist es umso wichtiger, die Natur mit ihrem Verjüngungspotenzial und die notwendigen Begleitmaßnahmen zu fördern. Aus Naturverjüngung hervorgegangene Forstpflanzen sind außerdem meist widerstandsfähiger und den örtlichen Gegebenheiten besser angepasst als Forstpflanzen aus Aufforstungen. Außerdem entstehen praktisch keine Kosten bei der Naturverjüngung, außer die für Pflegemaßnahmen und den Schutz vor Wildverbiss.

Ich beobachte die zunehmende Verwendung von Chemie in unseren Wäldern mit großer Skepsis. Speziell bei der Borkenkäferbekämpfung werden begiftete Fangnetze zunehmend propagiert und gefördert, welche nicht nur den Käfer, sondern auch viele andere Insekten vernichten. Dadurch, dass ein Teil dieser Gifte des Netzes über den Niederschlag ausgewaschen wird und somit den Boden kontaminiert, werden auch Bodenlebewesen und Grundwasser geschädigt. Während ich diese Zeilen schreibe, bekomme ich die Information, dass diese begifteten Fangnetze wieder aus dem Handel genommen werden, da sich einige der Verantwortlichen offensichtlich doch der Gefahr der Kontaminierung des Grundwassers durch diese chemischen Stoffe bewusst wurden.

Ein weiterer Einsatzbereich von Chemie in unseren Wäldern ist die Verwendung chemischer Mittel speziell zur Bekämpfung von Schlagraumvegetation, samt den damit verbundenen Belastungen. Durch die verschiedenen Schadereignisse entstehen immer größere Aufforstungsflächen. Diese chemischen Mittel werden eingesetzt als vorbereitende Maßnahmen bei Aufforstungsarbeiten, dem Setzen junger Waldpflanzen. Sie bewirken, dass Brombeeren, Himbeeren und sonstige für die Forstpflanzen und Aufforstungsarbeiten hinderliche Bodenvegetation durch die speziellen chemischen Wirkstoffe am Wachstum gehindert werden. Die Verwendung dieser Mittel im Wald bewirken ebenfalls einen Schadstoffeintrag, mit den damit verbundenen Auswirkungen für den Boden, die Insekten und unser Grundwasser, auch wenn diese von den Agrarlobbys und verschiedenen Institutionen als unbedenklich bezeichnet werden.

Meine persönliche Meinung und Erfahrung, die ich im Lauf meiner Tätigkeit gemacht habe, ist: *Chemie hat im Wald, in der Forstwirtschaft nichts verloren.* Im Gegenteil, durch die Vernichtung natürlicher Feinde und Beeinträchtigung von Bodenlebewesen ist der Einsatz von Chemie langfristig sogar kontraproduktiv.

Um Ihnen einen weiteren Einblick in die derzeitige Situation in der Forstwirtschaft zu geben, möchte ich noch ein Beispiel anführen, welches aus Sicht der Techniker und Wirtschaftsfachleute sehr hilfreich, jedoch aus Sicht der Wertschätzung und Achtsamkeit gegenüber den Wäldern eher bedenklich ist. Erntemaschinen in der Waldarbeit, sogenannte Harvester, haben die Nutzung der Wälder in den letzten Jahrzehnten übernommen. Eine solche Maschine, die ein Mann im Schichtbetrieb bedient, fällt am Tag ca. 150–200 Bäume, je nach Arbeitssituation, und arbeitet diese vollständig auf, während ein Mann mit der Motorsäge am Tag nicht einmal fünf Prozent dieser Leistung, ca. zehn Bäume schafft. Diese gigantischen Maschinen wiegen mittlerweile bis zu 53 Tonnen.

Eine der größten Erntemaschine arbeitet zurzeit in einem Forstbetrieb in meinem Aufsichtsbezirk. Bäume über ein Meter Durchmesser können mit dieser Maschine gefällt, man könnte fast sagen aus dem Wald herausgepflückt werden, ohne dass die restliche Naturverjüngung in der Umgebung des Baumes zu Schaden kommt. Der gefällte Baum wird dann von den Greifarmen gehoben und an einem für die Aufarbeitung geeigneten Ort abgelegt, entastet und in die gewünschten Sortimente zerteilt.

Die problematische Seite dieser Entwicklung ist die damit verbundene Bodenverdichtung, welche durch diese Giganten verursacht wird. Wo diese Maschine fährt, ist der Boden für lange Zeit kaum mehr nutzbar.

Durch den enormen Schadholzanfall der letzten Jahre waren diese Maschinen jedoch auch oft sehr hilfreich, denn ohne sie wäre es allein mit Handarbeit nicht möglich gewesen, die riesigen Schadholzmengen aufzuarbeiten.

Es gibt jedoch auch langfristige Projekte, die Alternativen aufzeigen.

Ein bekanntes Beispiel der Vergangenheit im Bayrischen Wald zeigt Folgendes: Hier wurden die vom Borkenkäfer befallenen Waldflächen der Natur überlassen. In den Randzonen dieses Gebietes wurde gegenüber den privaten Nachbarwäldern ein ca. 500 Meter breiter Streifen gefällt, damit die Käfer die Nachbarbestände nicht befallen können. In der Kernzone dieses Gebietes wurden die Fichten vom Käfer befallen, starben ab und wurden am Waldort belassen.

Bei solchen Projekten wäre es jedoch wichtig, das Vorhandensein älterer Mutterbäume wie Tanne oder verschiedene standortgerechte Laubbäume zu berücksichtigen. Falls es sich um reine Fichtenbestände handelt, wäre es daher sinnvoll die Naturverjüngung von Mischwäldern zu gewährleisten, da ansonsten wieder reine Fichtenbestände entstehen und es zu ähnlichen Problemen wie in den Wäldern kommen würde. Die Möglichkeit, die natürliche Sukzession und das Regenerationspotenzial der Natur zu nutzen, unterstützt durch Aufforstungsmaßnahmen, ist daher in diesen Fällen sinnvoll. So können in den nächsten Jahren wieder neue natürliche Wälder entstehen.

Auch in Oberösterreich wurden im Nationalpark Kalkalpen Naturschutzgebiete geschaffen, die der Natur und ihren Bewohnern die Möglichkeit zur freien natürlichen Entwicklung zurück zur *Wildness* geben. Um das natürliche Gleichgewicht im Tierreich wiederherzustellen, wurden Tierarten wie der Luchs wiedereingesetzt, um den Rehwildbestand zu regulieren.

Ein weiteres Beispiel:
Ein kleines Naturschutzgebiet im Zentralraum Oberösterreichs zeigte in den letzten Jahren folgende Entwicklung. Hier wütete der Borkenkäfer. Zusätzlich starben fast alle Eschen durch das Eschentriebsterben ab. Tausende abgestorbene Bäume mussten gefällt werden. Ganze Hänge waren plötzlich kahl. Da es sich jedoch um ein Naturschutzgebiet handelt, wurden zusätzlich wenig menschliche Eingriffe getätigt. Siehe da, wenige Jahre später, nachdem die standortswidrigen Fichten entfernt worden waren, kommt die *Natürliche Verjüngung* in Form von Tausenden Laubbäumen, Ahorn, Birken, Buchen, Eichen und sonstigen Begleitpflanzen des Waldes, welche diese ehemaligen Schadholzflächen bedecken. Es entstehen hier vitale natürliche Laubmischwälder. Die Natur mit ihrem enormen Regenerationspotenzial stellt wieder die natürliche Ordnung her. Jedenfalls weiß Mutter Natur, was zu tun ist, und wir dürfen wieder einmal von ihr lernen, abseits von wissenschaftlichen und wirtschaftlichen Überlegungen. Es geht nicht darum, welche Baumarten die wirtschaftlichsten sind, sondern welche Baumarten entsprechen den zukünftigen Entwicklungen des Klimas und den sich entwickelnden neuen natürlichen Lebensräumen.

Ich sehe unsere Zukunft auch deshalb positiv und optimistisch, da ich deutlich erkenne, dass die Natur, der Wald, dieses enorme Regenerationspotenzial in sich trägt, wenn wir aus ihr lernen, Ruhezonen schaffen und manche Wald- und Naturflächen außer Nutzung belassen, kurz gesagt unsere wirtschaftlichen Interessen in den Hintergrund stellen.

Diese und viele andere Beispiele zeigen, wie sich die Natur selbst wieder heilt und reguliert, wenn wir es zulassen, genauso wie wir Menschen unsere eigenen Selbstheilungskräfte nutzen dürfen!

Beispiel von geschädigten Waldflächen durch Borkenkäferbefall und Eschentriebsterben und der anschließenden natürlichen Wiederbewaldung, innerhalb weniger Jahre im *Naturschutzgebiet Pesenbachtal* in Oberösterreich:

Ehemalige Käferflächen mit Naturverjüngung 2019

Eschentriebsterben

Schadholzflächen im Pesenbachtal in Oberösterreich

Naturverjüngung, natürliche Regeneration des Waldes 2020

Wildtiere, Bewohner des Waldes

Ein weiterer wichtiger Teil des natürlichen Lebensraumes Wald sind seine Bewohner, die Wildtiere. Doch fast alle Wildtiere, die wir heute in unserem Kulturraum kennen, befinden sich in einem Lebensraum, der nicht ihren natürlichen Lebensbedingungen entspricht. Permanente Stresssituationen, sei es durch Verkehr, Flugzeuge, Tourismus, incl. vieler Freizeitaktivitäten der Menschen, versetzen die Tiere in dauernde Unruhe.

Auch wenn wir manchmal den Eindruck haben, Wildtiere passen sich an die sogenannte Zivilisation an, so ist dies nur die halbe Wahrheit. Es bleibt ihnen nichts anderes übrig, um zu überleben. Mit ihren natürlichen Lebensgewohnheiten hat dies jedoch nicht viel zu tun.

Besonders in Waldgebieten, die sich in der Nähe von Siedlungen, Städten oder verkehrsreichen Zonen befinden, ist der natürliche Lebensraum und somit das natürliche Verhalten von Reh, Fuchs, Dachs und Co. besonders beeinträchtigt. Die Geschwindigkeiten der PKW überfordern die Tiere und sie werden in großer Zahl Opfer von Wildunfällen.

Verschiedene Interessensgruppen, die sogenanntes Raubwild als Konkurrenz sehen, bejagen, fangen oder vergiften diese Wildtiere, egal ob Greifvögel, Marder oder Fuchs, um nur einige zu nennen, anstatt sie als Beitrag zum natürlichen Gleichgewicht zu sehen.

Wenn ein Biber einen Baum fällt, ein Greifvogel oder ein Fuchs Beute macht, so sind dies natürliche Vorgänge, die weder den Lebensraum Wald noch seine Bewohner in ihrer Existenz gefährden. Lediglich menschliche Eingriffe stören diese massiv.

Aufklärung über die tatsächlichen Bedürfnisse und Verhaltensweisen der Wildtiere wäre ein wichtiger Beitrag zur Wiederherstellung der natürlichen Verhältnisse. Das Gleichgewicht der Natur reguliert sich letztendlich selbst, wenn wir ihr und ihren Lebewesen die dazu notwendige Zeit und Ruhe geben. Der für uns sogenannte wirtschaftliche Schaden existiert für die Natur in Wahrheit nicht.

Geben wir daher auch den Wildtieren die Chance, sich wieder in ihrer natürlichen Umgebung zu verbreiten, zu entwickeln und in dieser stressfrei zu leben. In sogenannten natürlichen Kernzonenwäldern, wie ich sie in diesem Buch unter *Zukunft Wald* beschreibe, wäre dies möglich.

Die Globalisierung und der Wald

Es gibt jedoch noch größere Probleme, die uns und der Natur in den letzten Jahren zu schaffen machten.

Die Globalisierung macht sich auch in unserem Land, in unseren Wäldern bemerkbar, in Form von verschiedenen Wald- und Baumschädlingen, die über den weltweiten Handel eingeführt werden. Diese importierten Schädlinge, Insekten, Käfer und Pilze setzen unserem Wald ebenfalls sehr zu.

Sie wurden zum Teil aus dem asiatischen Raum eingeführt und zeigen uns an Hand des Eschensterbens und verschiedener anderer Laubholzerkrankungen auf, was wir der Natur und dem Wald weltweit antun. Das alles nur, um möglichst billig und rasch Waren von A nach B zu transportieren, ohne sich Gedanken über die Folgen zu machen. Niemand will die Verantwortung für dieses Handeln übernehmen. Man zeigt immer auf andere. Dies ist die einfachste Ausrede, die nie zu einer Lösung führen wird. Geld regiert die Welt und vernichtet täglich riesige Naturgebiete und Wälder.

Ich spreche hier noch gar nicht von der weltweiten Zerstörung und den großflächigen Rodungen mit all ihren Auswirkungen auf unser Klima und letztendlich auf uns Menschen. Selbst wenn du nicht mit der Materie vertraut bist, so sagt dir dein klarer Verstand, dass diese Situation so nicht weitergehen kann. Wir sägen den sprichwörtlichen Ast, auf dem wir sitzen, selbst ab. Werde dir einmal bewusst, dass du Teil dieses Waldes, Teil der Natur und in diesen Lebensraum eingebunden bist. Es fühlt sich nicht gut an, wenn man sich mit diesem Gedanken befasst. Es müssten spätestens jetzt die Alarmglocken läuten.

Immer mehr Menschen erkennen diese Entwicklung und den Prozess der Zerstörung. Sie erkennen, dass es höchste Zeit ist unsere Werte, Gedanken und Ziele neu zu definieren und sich neu zu orientieren.

Als die internationale Bankenkrise die Welt in ein finanzielles Chaos zu stürzen drohte, begannen alle Regierungen milliardenschwere Rettungspakete zu schnüren, um die Finanzwelt zu stabilisieren und zu retten. Dies war anscheinend notwendig und es wurde nicht lange mit den Steuerzahlern und Bürgern diskutiert, geschweige denn diese befragt. Wenn wir der Natur, dem Wald aus wirtschaftlichen Interessen jedoch großen Schaden zufügen, gibt es keine spontane Hilfe. Es wird über Kosten und Nutzen diskutiert. Es gibt maximal halbherzige Versprechungen von Politikern, die diese wirtschaftlichen Interessen vertreten. Was von diesen Personen jedoch nicht bemerkt wird, ist die Tatsache, wie groß inzwischen die Sensibilisierung vieler Menschen, insbesondere der Jugend gegenüber diesem Thema ist. Sie sind nicht mehr bereit diese Finanzsysteme auf Kosten der Umwelt und der Gesundheit der Menschen zu unterstützen.

Jenes Beispiel, dass Schüler bereit sind für die Umwelt zu demonstrieren, dass Hunderttausende weltweit ihren Unmut kundtun, ist ein starkes Zeichen für diese Entwicklung. Der Fokus dieser jungen Menschen liegt nicht mehr in finanziellen Interessen, sondern in einer lebenswerten, gesunden Umwelt. Dies wird sowohl die Wirtschaft als auch die Politik in den nächsten Jahren zu spüren bekommen.

Ein Plädoyer für die Forstwirtschaft

Indem ich verschiedene Entwicklungen und Situationen, in denen die Forstwirtschaft gefordert war und ist, aufzeige, möchte ich auch gleichzeitig auf die schwierige Situation der Waldbesitzer und der Forstbetriebe, die diese Zeit mit sich bringt, hinweisen. Es geht mir nicht darum irgendwelche Missstände aufzuzeigen. Im Gegenteil, ich möchte Verständnis erwecken, neue Wege für die Bewirtschaftung, für die Nutzung unserer Wälder finden.

Die Forstwirtschaft ist zurzeit dem wirtschaftlichen Druck, den neuen Herausforderungen, den laufenden Schadereignissen und der schwierigen globalen Situation des Holzmarktes ausgesetzt und daher sehr stark gefordert diese Probleme zu lösen.

Der Begriff Nachhaltigkeit, der aus der Forstwirtschaft kommt und in unserem Forstgesetz verankert ist, wurde viele Jahrzehnte gelebt. Doch zusätzlich zu dieser Nachhaltigkeit ist es jetzt an der Zeit, viele Dinge neu zu überdenken, rein wirtschaftliche Interessen zu hinterfragen und unsere Wälder in einem größeren Zusammenhang als Teil unserer Umwelt, unserer grünen Lunge mit ihren lebenswichtigen Funktionen zu sehen.

Eine offene, wertschätzende Diskussion aller Beteiligten ohne Vorurteile auf Augenhöhe muss geführt und neue Denkweisen zugelassen werden. Durch ein aktualisiertes Bewusstsein und die zusätzliche Unterstützung der Öffentlichkeit können wir diese neuen Herausforderungen bewältigen.

Zukunft Wald – Erkenntnisse und Möglichkeiten

Wie können wir den Lebensraum Wald positiv mitgestalten?

Achtsamkeit, Mitgefühl und offen sein für eine neue Welt, die durch unsere Herzen gestaltet wird, ist der neue Weg.

Ich persönlich möchte vor allem vermeiden, dass dieser Weg über Beschränkungen, Verbote oder sonstige verpflichtende Richtlinien führt. Gesetzliche Bestimmungen und Vorschriften mit den begleitenden strafenden Maßnahmen passen nicht mehr in unsere Zeit der Eigenverantwortung. Es ist ein Lernprozess, der sicherlich dauern wird. Ein Prozess, der, wenn wir offen sind für diese neue Welt, sich wie selbstverständlich anfühlen wird. Es braucht keine Vorgaben und Verbote, nur Achtsamkeit, Mitgefühl, ein liebevolles Miteinander und etwas Hausverstand gegenüber den Mitmenschen, den Pflanzen, Bäumen, den Tieren, all den Bewohnern und Wesenheiten auf der Erde, im Wasser und in der Luft.

Mir ist bewusst, dass dieser Prozess noch Jahre dauern wird, aber er ist bereits im Gange und geht schneller, als wir glauben, vor allem dann, wenn wir ihn positiv unterstützen. Dieser Prozess wird auch auf Widerstand stoßen, letztendlich wird es jedoch der einzig gangbare Weg sein, der uns auf Dauer aus der jetzigen Situation führt. Ihn zu erkennen, zu unterstützen und selbst zu gehen ist unsere Aufgabe.

Doch wie sieht dieser Weg in die Zukunft, die Zukunft unserer Wälder, die gemeinsame Zukunft in der Natur aus?

Denken wir uns jetzt den Wald der Zukunft und senden wir diese Gedanken aus.

Schließe deine Augen, spüre dich in dein Herz hinein und fühle, wie sieht der Wald der Zukunft für dich aus, so dass er sich für alle stimmig und liebevoll anfühlt?

Natürliche Tannenverjüngung

Bäume pflanzen, ein Weg aus der Klimakrise.

Doch nicht nur Intuition und Achtsamkeit sind in diesem Fall gefragt. Ich möchte dir ein paar praktische Beispiele bringen, wie Visionäre weltweit durch Wiederbewaldung, scheinbar Unmögliches möglich gemacht haben.

Auf die Frage, wie wir der Erde helfen und dem Klimawandel entgegenwirken können, gibt es eine klare Antwort: *Bäume pflanzen und die Erde wieder begrünen!*

Welchen Einfluss, ja welch fantastische Wirkung ein Baum auf unser Klima durch die Speicherung von Kohlenstoff hat, möchte ich dir nun in Form des folgenden Beispiels zeigen, damit du eine Vorstellung bekommst, wie wichtig der Wald für unser Klima und unsere derzeitige Situation ist. Es sind dies ungefähre Angaben, die je nach Baumart, Alter und Standort variieren.

Stell dir nun einmal vor, dass ein Baum über die Fotosynthese der Luft ca. eine Tonne CO_2 entzieht. Bei diesem bekannten Prozess erzeugen die Bäume mit Hilfe des Sonnenlichtes, Kohlendioxid und Wasser Zucker. Dabei wird Sauerstoff frei. Die bei diesem Prozess für unser Klima so wichtige Reaktion ist jedoch, dass ein Baum insgesamt ca. 270 kg Kohlenstoff in seinem Holz bindet. Rechnet man diese Menge Kohlenstoff auf einen Hektar Waldfläche um, so sind dies je nach Baumarten und Bestockung über 200 Tonnen Kohlenstoff, die hier über das Holz der Bäume, ihre Wurzeln und den Waldboden gebunden werden. Im Waldboden erfolgt diese Bindung langfristig über die Wurzeln durch Mineralisierung. In unserem waldreichen Land bindet der Wald somit fast ein Zehntel unserer Treibhausgasemissionen. Nadelwälder speichern dabei durch ihre größere Holzmasse etwas mehr Kohlenstoff als Laubwälder.

Dieses Beispiel zeigt uns, welch enormen Einfluss der Wald durch die Schadstoffbindung auf unser Klima und unsere Lebensqualität in unserem Land, ja weltweit hat.

Dadurch, dass wir Menschen im Lauf der Zeit große Teile der Erde abgeholzt und gerodet haben, entstanden durch die fortschreitende Erosion immer größere vegetationsfreie Flächen. Die damit verbundene steigende Verdunstung, die Austrocknung, die Verkarstung und die beginnende Wüstenbildung in diesen Regionen schreitet immer weiter voran. Damit verbundene Auswirkungen wie das Steigen der regionalen und weltweiten Temperaturen und das Sinken des Niederschlags beschleunigen einen fatalen Kreislauf, der die Klimaerwärmung vorantreibt, mit den negativen Begleiterscheinungen für Mensch und Tier. Letztendlich werden große Landschaftsgebiete unbewohnbar gemacht und Menschen verlassen diese Gegenden.

Die Wissenschaft kam vor kurzer Zeit auf die geniale Idee, wie wir diesen Prozess stoppen können: *durch Bäume pflanzen.* Es ist dies bei näherer Betrachtungsweise keine neue Idee, sondern ein positiver Trend, den glücklicherweise weltweit schon viele Menschen praktizieren. Viele Ökopioniere haben dies bereits erkannt und setzen ihre Visionen einer begrünten Erde um.

Manche wurden zu Beginn ihrer Tätigkeit oft als Spinner bezeichnet und von ihren Regierungen und deren Organisationen auch gehindert, wenn dies den wirtschaftlichen Interessen des Landes entgegenstand. Sie ließen sich jedoch nicht von ihren Überzeugungen abbringen und fanden schließlich durch ihre großartigen Erfolge viele Nachahmer und Anerkennung.

Weltweit zeigen viele Projekte, dass durch Begrünung, durch Aufforstung mit Pionierpflanzen und Geduld eine Wiederbelebung des Bodenlebens und dabei fantastische Resultate erzielt werden können.

Karge Landschaften wurden umgewandelt in grüne Wälder, wo Experten nicht für möglich gehalten hätten, dass sich diese jemals wieder begrünen lassen würden. Sie entwickelten sich dank der Visionäre wieder in blühende Landschaften, intakte Ökosysteme mit steigendem Niederschlag und sinkenden Temperaturen. Verschiedene Methoden wie Aussaat, Freistellen junger Bäume aus Naturverjüngung, Setzen von Pioniervegetation oder standortgerechten Baumarten sowie Verbesserung der Bodenverhältnisse durch Unterstützung der Entwicklung des Bodenlebens und Schutz gegen Wildverbiss beschleunigten diesen Prozess.

Die Tier- und Pflanzenwelt kehrt in diese Regionen ebenfalls wieder zurück und Landschaften werden für Menschen wieder bewohnbar.

Weltweit wurden so Hunderte Millionen Bäume gepflanzt und Wüsten- und Steppenlandschaften wieder begrünt. Auch wenn dies nur einzelne Projekte sind, so zeigen sie die Möglichkeit der Renaturierung und die damit verbundenen positiven Wirkungen auf.

Ich möchte hier besonders ein Beispiel aus Costa Rica erwähnen, wo der tropische Regenwald in den letzten Jahrzehnten zugunsten von Viehherden und der Fleischproduktion immer mehr weichen musste. Nach dem weltweiten Einbruch der Fleischpreise in den achtziger Jahren gaben immer mehr Bauern diese Art der landwirtschaftlichen Produktion auf und verließen zum Teil das Land. Zurück blieben nur mehr kleinere Waldinseln und großflächig verkarstete Landschaften.

In diesen Gebieten starteten ambitionierte Ökologen ein besonderes Projekt. Auf einer Fläche von ca. 50.000 Hektar errichteten sie ein Schutzgebiet. In diesen sogenannten Trockenwaldgebieten, den letzten verbliebenen Waldinseln, versuchten sie die natürliche Regeneration des Waldes zu fördern und das natürliche Ökosystem wiederherzustellen.

Man pflanzte hier jedoch keine Bäume. Priorität hatte der Schutz vor Waldbränden, gezielte Informationspolitik und Aufklärung der lokalen Bevölkerung. Ehemalige Viehweiden und der ausgelaugte Boden wurden mit organischem Restmaterial aus dem Obstbau wie in der Kompostwirtschaft gedüngt, somit das Bodenleben aktiviert, die Bodenqualität und die Wuchsbedingungen für die Bäume verbessert. Der Wind und die Wildtiere verteilten die Samen der Bäume mittlerweile auch auf den nicht gedüngten Flächen. Somit ist bereits mehr als die Hälfte des Nationalparks wieder bewaldet, auch dank dieser begleitenden Schutzmaßnahmen.

Mittlerweile gehört Costa Rica zu jenen Ländern, die weltweit eine Vorreiterrolle in der Renaturierung von ehemaligen Wald- und Karstgebieten einnehmen. Das Land schaffte es, den Minimalwert von 21 Prozent landesweiter Waldfläche auf mittlerweile weit über 50 Prozent zu steigern.

Man erkannte den Wert der Wiederbewaldung und finanzierte dementsprechende Forschungsprojekte. Zurzeit regenerieren sich durch diese Maßnahmen viele benachbarte Landschaften in dieser Region und der Ökotourismus wurde ein wichtiger Wirtschaftszweig. Das Ziel ist ein riesiger Nationalpark mit all seinen positiven Auswirkungen auf seine Umgebung, sowie letztendlich eine klimaneutrale Volkswirtschaft.

Wenn wir uns dem Thema Bepflanzung und Begrünung mit Bäumen widmen, denke ich oft an überhitzte Städte mit ihren Betonflächen. Dies wird eine der dringendsten Maßnahmen der Zukunft sein, um die Temperaturen in den Ballungsräumen zu senken und die Lebensqualität der Stadtbewohner besonders in den Sommermonaten zu steigern. Es gibt auch hier viele ambitionierte Projekte und Ideen. Ich möchte einige Denkanstöße und Ideen liefern, um diese positiven Bestrebungen zu fördern.

Von Seiten öffentlicher Institutionen, Bund, Ländern, Städten und Gemeinden, besteht die Möglichkeit leerstehende Gebäude, Industrie- und nicht genutzte Verkehrsflächen aufzukaufen, rückzuwidmen, zugunsten der Aufforstung von Baumgruppen, grünen Inseln, der Schaffung von Wasserflächen und kleineren Wäldern. Hier könnten in Form von öffentlichen Projekten junge Menschen miteinbezogen und begeistert werden. Sie könnten ihre unmittelbare Umgebung wieder begrünen und mitgestalten. Aktivisten der *fridays for futur*-Bewegung oder Schüler könnten hier in Form von Schulprojekten motiviert eingesetzt und diese umgesetzt werden. Sinnvoll wäre es diese Projekte über einen längeren Zeitraum von Fachleuten begleiten zu lassen. Solche Erfahrungen für junge Menschen bringen einen neuen praktischen Zugang zu diesen Themen und sie finden meist viele positive Nachahmer.

Begleitet durch fachkundige Personen sind diese Projekte sicherlich erfolgreich und im Sinne von Öffentlichkeitsarbeit auch für die verantwortlichen Politiker interessant.

Weitere größere Aufforstungsprojekte in landwirtschaftlich dominierten, unterbewaldeten Gebieten könnten zum Beispiel durch Gewerbe oder Industrie gesponsert und so erfolgreich umgesetzt werden. Bepflanzungsaktionen mit Bäumen und Sträuchern, Schaffung von Biotopen, grünen Erholungsinseln für nahe Siedlungsgebiete, aber auch für Kleintiere, Vögel und Insekten, sogenannte *Green Points*, wären positive Argumente für zeitgemäßes grünes Firmensponsoring. Firmen könnten auch Ausschreibungen für solche Projekte an Jugendorganisationen durchführen und diese Arbeiten durch Preise ermöglichen.

Firmenmitarbeiter sollten motiviert werden, grüne Verbesserungsvorschläge für Produktionsabläufe der eigenen Firma und ihre Produkte zu übermitteln. Dachbegrünungsaktionen von Firmen und Industriehallen sind zum Beispiel ebenfalls ein Beitrag zu Reduktion der Temperatur in den Arbeitsstätten.

Die Wände der Häuser zu begrünen, Straßenzüge mit Hecken zu bepflanzen sind weitere Möglichkeiten in diesem Zusammenhang.

Ich möchte dir nun meinen Wald der Zukunft näherbringen. Es gibt hier nicht den *einen Wald*. Ich würde Wälder in sogenannte Begegnungszonen mit verschiedenen Funktionen einteilen:

Kernzonenwälder

Einer dieser Wälder wäre der **Kernzonenwald**. Es sind dies naturbelassene Wälder, die außer Nutzung gestellt werden, wo keinerlei menschliche Eingriffe mehr getätigt werden. Der Luchs und verschiedene Tierarten werden wieder heimisch gemacht, der Wildbestand wird reguliert, das natürliche Gleichgewicht und die natürliche Verjüngung des Waldes wird sichergestellt. Es gibt in unserem Land und in einigen Nachbarstaaten bereits ähnliche Naturschutzgebiete und Nationalparks. Ich würde diese Kernzonen, diese Waldgebiete weder für die touristische Freizeitnutzung noch für jagdliche oder sonstige wirtschaftliche Nutzungen zulassen. Es sollten Zonen und Gebiete sein, in denen sowohl die Pflanzen-, Baum- und Naturwesen als auch die Tiere in Ruhe in ihrem natürlichen Lebensraum leben können. All diese Planungen sollten im gegenseitigen Einvernehmen zwischen der Natur und jenen Menschen, die Zugang zu diesen Welten haben, erfolgen. Menschliche Eingriffe sollten nur im äußersten Notfall, wie bei der Bekämpfung großer Waldbrände erfolgen, um hier Hilfestellung für den Wald zu bringen.

Vorher muss jedoch die notwendige Aufklärung über die Bedürfnisse der Tier- und Pflanzenwelt und der Naturwesen den verschiedenen Interessensgruppen in verständlicher Form nähergebracht werden. Wenn circa ein Viertel unserer Wälder in diese naturbelassenen Kernzonen überführt wird, so wäre dies ein sehr positiver Erfolg für alle Beteiligten. Im Laufe einer Generation würden sich diese Wälder in Richtung ihrer Ursprünglichkeit und Natürlichkeit entwickeln.

Die Herausforderung wird es sein, die derzeitigen Eigentümer, die Jägerschaft, die Freizeit- und Tourismusindustrie und die Forstwirtschaft von der Sinnhaftigkeit einer solchen Aktion zu überzeugen und gemeinsam ins Boot zu holen. Diese Verhandlungen und Diskussionen über die Notwendigkeit dieser Maßnahmen und unsere Bringschuld gegenüber der Natur sollten auf Augenhöhe in Form einer wertschätzenden Diskussion geführt werden. In den staatlichen Wäldern würde dieser Prozess, wenn der politische Wille und der Wille der Öffentlichkeit vorhanden ist, am einfachsten durchzuführen sein. Aber auch in privaten Wäldern, unterstützt durch die Öffentlichkeit, sowie bewusste naturverbundene Eigentümer und Gesellschaften, kann hier positive Pionierarbeit geleistet werden.

In meinem Aufsichtsbereich befindet sich eine solche relativ kleine natürliche Waldfläche mit uralten Bäumen, voller alter Erdenergien, Naturwesen, die von ihrem Waldbesitzer seit Generationen belassen wird, wie sie ist, ein echtes Naturjuwel.

Mystischer, naturbelassener Wald.

Der Übergang von Leben und Tod ist in einem natürlichen Wald fließend.

Totholz – Lebensraum vieler Bewohner des Waldes.

Vorrangiges Ziel ist es die natürliche Entwicklung und die Freiheit dieser Wälder, dieses Lebensraumes und ihrer Bewohner wiederherzustellen und zu sichern!

Licht und Schatten

Erholungswälder

Wald und Gesundheit bilden mittlerweile einen Trend, dem immer mehr Menschen Beachtung schenken. Ob in Japan das sogenannte Shinrin Joku, Waldbaden, das mittlerweile auch Europa erreicht hat, oder einfache Spaziergänge zwischen den Bäumen, diese Gesundheitsbewegung wird mehr und mehr propagiert und findet immer neue Anhänger. Medizin und Wissenschaft berichten laufend über die aktuellsten Erkenntnisse und Auswirkungen des Waldes auf unsere Gesundheit.

Durch das Eintauchen in die reine Energie des Waldes erleben wir eine Rückbesinnung zu den eigenen Wurzeln, Reinigung unseres feinstofflichen Körpers und heilende Erfahrungen. Wir können dabei die heilende Wirkung des lebendigen Organismus Wald, seiner Bäume, Pflanzen und Naturwesen für unsere Gesundheit nutzen.

Wissenschaftliche Studien belegen viele der positiven Wirkungen des Waldes auf unseren Körper und unsere

Psyche. Diese Studien sagen unter anderem aus, dass ein Aufenthalt im Wald unser Immunsystem stärkt, die Produktion von Krebszellen reduziert, den Blutdruck reguliert, den Herzschlag stärkt und die Stresshormone verringert. Bioaktive Pflanzenstoffe von Nadelbäumen – sogenannte Terpene – lassen Killerzellen in unserem Körper ansteigen und regen so unser Immunsystem an. Kurz gesagt, der Wald macht uns gesünder, glücklicher und stärkt unsere Abwehrkräfte. Unsere Gesellschaft braucht daher dringend sogenannte **Erholungswälder**.

Jene Wälder außerhalb der Kernzonen, die speziell für die Bedürfnisse der Menschen, für die Freizeit, unsere Gesundheit, die Erholung und den Tourismus genutzt werden, sollten für alle Menschen frei zugänglich sein. Das Befahren dieser Wälder mit PKW sollte nur für notwendige Arbeiten möglich sein, sodass auch hier eine besondere Schonung des Bodens erfolgt. Die vorhandenen Forstwege können von Radfahrern genutzt werden. Der Wald ist auf seiner gesamten Fläche begehbar, ausgenommen sind Verjüngungsflächen, um die natürliche Wiederbewaldung zu ermöglichen und die jungen Bäume zu schonen. Forstliche Erntemaschinen wie Harvester sind in diesem Wald nicht mehr erwünscht. Der Holztransport wird durch Pferderückung erledigt, um den unbedingt notwendigen Holztransport aus dem Wald möglichst bodenschonend durchzuführen.

Beim Umgang mit diesen Erholungswäldern hat die Nutzung der positiven Eigenschaften für die Gesundheit der

Menschen Vorrang. Die wirtschaftliche Nutzung dieser Erholungswälder ist hier zweitrangig und wird auf das notwendige Maß reduziert, sodass sich naturbelassene Mischwälder entwickeln können. Jagdliche Maßnahmen werden nur zur Unterstützung der natürlichen Verjüngung durchgeführt, sofern diese notwendig ist, und nur bis zum Zeitpunkt der Sicherung des natürlichen Baumbestandes.

Die Tourismus- und Freizeitindustrie sowie die öffentliche Hand unterstützen diese Vorhaben auch finanziell, um den Aufwand für die Arbeiten und die Besitzer zu entschädigen. Alle Eingriffe in diesen Naturraum werden mit den Naturwesen abgesprochen und unsere Beweggründe dargelegt. Diese werden auch in zukünftige Entscheidungsprozesse miteinbezogen.

Neu angelegte Energiebaumwege und geomantische Lehrpfade sind eine Bereicherung für die Besucher und dienen auch der Information über diesen Lebensraum und seine Bewohner. Waldspielplätze, Waldkindergärten und Waldschulen mit fachkundiger Betreuung zur Unterstützung der Eltern für ihre Kinder wären ebenfalls hilfreich und empfehlenswert. Waldpädagogen, kräuter- und pflanzenkundige Menschen können in Form von Führungen, Seminaren, Infoveranstaltungen und Waldlehrgängen den Menschen diesen Lebensraum näherbringen und seine gesundheitlichen Wirkungen in Form von Übungen und Meditationen an die Besucher weitergeben.

Ein praktisches Beispiel dazu ist die spezielle Energie der Rotbuche, eine der wichtigsten Laubbäume in unserer Heimat.

Die Buche steht für Horizonterweiterung im Sinne der persönlichen Weiterentwicklung und lehrt uns, über den eigenen Horizont zu blicken.

Eine passende Übung könnte so aussehen:

Verbinde dich mit dem Energiefeld der Buche. Bitte sie um Erweiterung deines Horizonts sowie um Klarheit und Stabilität deines Energiefeldes. Daraus entwickelt sich Klarheit für das eigene Leben.

Bei den verschiedenen Waldführungen und Infoveranstaltungen könnten das Bewusstsein für den Wald, das Verhalten sowie die Begegnung mit dem Lebensraum Wald den Menschen nähergebracht werden.

Übung: Achtsamkeitsübung zu Beginn eines Waldspaziergangs

TRITT EIN IN DEN LEBENSRAUM WALD!

Das neue Bewusstsein, in das wir Menschen eintreten sollten, getragen durch Achtsamkeit und Mitgefühl, bedeutet auch ein neues Verhalten gegenüber der Natur und dem Wald.

Bevor du den Lebensraum Wald betrittst, bedanke dich beim Geist des Waldes, der Bäume und Pflanzen sowie bei den Naturwesen, dass du mit ihnen ihren Lebensraum teilen darfst. Verbinde dich gedanklich mit dem Energiefeld des Waldes, fühle es über dein Herz. Es ist, wie wenn du durch eine unsichtbare Tür gehst und eine energetisch andere Welt betrittst. Bitte, diesen Raum betreten zu dürfen, und gehe in Achtsamkeit die ersten Schritte in den Wald. Du wirst nun auch von den dort lebenden Bewohnern positiv wahrgenommen, da sie deine liebevollen Absichten und deine Wertschätzung für sie erkennen.

Übe dieses achtsame Betreten des Waldes und achte darauf, was es mit dir und deiner Wahrnehmung macht.

Dies ist eine wichtige Übung, um ein Gefühl für den Lebensraum Wald und seine Bewohner zu bekommen und sich gleichzeitig als Teil dieses Raumes zu fühlen.

Spüre die Bäume, die Pflanzen und den Wald!
Spüre die Verbindung zu Mutter Erde!
Spüre das Leben in all seinen Facetten!
Spüre die Kraft in dir aus deinem Herzen!
Du bist ein Teil von allem!
Verbinde dich mit den Bäumen!
Verbinde dich mit dem Leben!
Es ist eine Verbindung im Hier und Jetzt!
Atme, lächle und fühle deine Präsenz!

Der Wald als Ort der Achtsamkeit und des Wohlbefindens

Wirtschaftswald der Zukunft: Natürlicher Wald durch achtsame Pflege

Prinzipiell sollten Begriffe wie **Forst-Wirtschaft** und **Wald-Bau**, zwei Begriffe aus der Ökonomie und der Technik, im Wald der Zukunft durch den Begriff **Waldpflege** ersetzt werden.

Waldpflege ist ein alter Begriff mit neuer Bedeutung, ein liebevoller, sorgsamer Umgang mit dem Lebensraum Wald, der uns am Herzen liegt und uns wichtig ist. Begleitende Maßnahmen, welche die natürliche Entwicklung des Ökosystems Wald fördern, gehören zu dieser Pflege.

Die neue Aufgabe und Herausforderung ist jedoch, Achtsamkeit und Wertschätzung in den gesamten Prozess, von der Verjüngungsphase über den Lebenszyklus des Baumes, die Fällung, die Verarbeitung bis zum Verkauf einfließen zu lassen.

Bäume sind lebendige Wesen, welche die Informationen ihrer Umgebung, der Vergangenheit und wie wir Menschen mit ihnen umgehen, speichern. Daher ist es wichtig, bereits im Laufe der Entwicklung, der verschiedenen Wachstumsphasen, mit den Bäumen, dem Wald, auf liebevolle, wertschätzende Art und Weise zu kommunizieren.

Bereits bei der Bestandbegründung ist es wichtig, jene Pflanzen zu setzen, die für den jeweiligen Waldort bestmöglich geeignet sind, falls keine natürliche Verjüngung vorhanden ist.

Fragen sollten gestellt werden: *Was tut dem Wald gut, welche Baumarten und Pflanzverbände, Baumgruppen unterstützen sich gegenseitig in ihrem Wachstum? Welche Bäume sind geeignet für den jeweiligen Boden und die klimatischen Verhältnisse der Zukunft?*

So lernen zum Beispiel junge Pflanzen, die aus dem Saatgut von Bäumen auf trockenen Standorten stammen, durch Erbinformation, dass sie ihr Wurzelsystem tiefer in die Erde wachsen lassen, um leichter das im Boden gespeicherte Wasser zu erreichen.

Priorität sollten heimische Baumarten wie Tanne, Eiche, Buche, Lärche oder Kiefer je nach Höhenlage, Standort und Bodenbeschaffenheit haben.

Die Herausforderung beim Pflanzen klimatisch angepasster Wälder ist, nicht wieder in alte Muster zu verfallen und sich von rein wirtschaftlichen Motiven leiten zu lassen. Das Beispiel der Douglasie, die vielfach als reiner Fichtenersatz propagiert wird, wäre ein solcher Fall. Douglasien sind zwar geeignet für schottrige, nährstoffarme Bodenverhältnisse. Sie wachsen sehr schnell und sind daher wirtschaftlich interessant. Aus meiner Sicht sind sie jedoch ebenfalls anfällig gegenüber Borkenkäferbefall und andere Schädlinge. Dazu kommen noch spezielle Herkunftsprobleme der jungen Bäume, da es kaum heimische Bäume dieser Art gibt. Ich persönlich würde daher wie schon erwähnt die heimische Tanne als Ersatz für die Fichte empfehlen, in Mischung mit heimischen Laubbäumen. Die Tanne ist resistenter gegenüber Borkenkäferbefall und als Tiefwurzler erreicht sie tiefere wasserführende Bodenschichten. Welche ausländischen Baumarten sich auf Grund der Klimaerwärmung in unserem Land durchsetzen werden, wird die Zukunft zeigen. Einer dieser Baumarten aus dem pannonischem Raum ist die Akazie, die sich sehr stark von selbst verjüngt und mit den warmen, trockenen Verhältnissen sehr gut zurechtkommt.

Dort wo die natürliche Verjüngung vorhanden ist, sollte diese gefördert werden. Dies geschieht in Form von Verbesserung der Lichtverhältnisse in ihrer Umgebung. Ältere Bäume dürfen wir zu diesem Zweck fällen.

Die Auszeige der Bäume sollte nicht nur nach fachlichen Kriterien erfolgen. Bereits einige Zeit vor der geplanten Fällung sollten die Baumwesen gefragt und informiert werden, ob sie bereit sind ihr Holz für uns Menschen zur Verfügung zu stellen. Diese Baumwesen suchen sich dann neue, junge Pflanzen, welche sie beleben, und somit bleiben sie ihrem Lebensraum, dem Wald erhalten.

Die Fällung der Bäume sollte durch Menschen und nicht durch Harvester erfolgen, durch Forstarbeiter, die den Bäumen vor und auch nach der Fällung die notwendige Wertschätzung und Dankbarkeit übermitteln.

Der Abtransport des Holzes vom Waldort zur Forststraße sollte unter größtmöglicher Schonung der restlichen

Verjüngungsfläche mittels Pferderückung, bzw. wenn nicht anders möglich mit dem Traktor auf Traktor- oder Forstwegen durchgeführt werden. Bei diesen Fällungstätigkeiten geht es auch um Schaffung von optimalen Lebensumständen und Lebensgemeinschaften für die jeweiligen Pflanzen und Bäume.

Der Einsatz von Chemie im Wald vergiftet nicht nur die Böden und das Bodenleben, sondern auch Tausende Insekten. Daher ist es höchste Zeit diese Vorgangsweise zu überdenken und zu unterlassen.

Bei der Fällung und allen Eingriffen in der Natur sind die Lebensräume der Naturwesen besonders zu berücksichtigen. Diese sollten auch in wirtschaftlich genutzten Wäldern unberührt bleiben. Sensitive Menschen, die Zugang zu diesen Wesen und ihren Informationen haben, dürfen hier vermitteln. Ein Ziel dieser unterstützenden Maßnahmen sollte ein natürlicher artenreicher, mehrschichtiger Aufbau dieser Wälder sein. Das heißt, mehrere Generationen von Bäumen wachsen in diesem Wald. Alte Mutterbäume, die sowohl der natürlichen Verjüngung als auch dem Schutz von jüngeren Bäumen dienen, und Bäume mittleren Alters, in der Zwischenschicht des Bestandes, die zur Stabilität des Waldes beitragen, dürfen neben jungen Bäumen wachsen. Diese Wälder sind natürlicher und stabiler wie herkömmliche sogenannte einschichtige Monokulturen. Durch ihren stufigen Aufbau geben sie sich gegenseitigen Schutz und Stabilität und entwickeln sich letztendlich zu einem artenreichen Naturwald. Die forstwirtschaftliche

Nutzung der Bäume in diesem Wald erfolgt durch achtsame Pflegeeingriffe, in Form von Fällung einzelner Bäume. Durch diese Fällungen werden die Lichtverhältnisse der jüngeren Bäume verbessert und somit optimalere Wuchsbedingungen für sie geschaffen. So können wir auch das Holz dieser Bäume mit ihren ganz speziellen Eigenschaften nutzen.

Durchforstung, Nutzung und regelmäßige Entnahme von Bäumen, die in Abstimmung mit den Bewohnern des Waldes sowie in Wertschätzung und Achtsamkeit durchgeführt werden, sind daher kein Problem für diese auch wirtschaftlich genutzten Wälder. Durch diese Maßnahmen werden Wälder in ihren Funktionen und Wirkungen gestärkt.

Eigenschaften wie die gesundheitsfördernden Wirkungen des Waldes auf uns Menschen sind meiner Ansicht auch im verarbeiteten Holz dieser Bäume vorhanden. Hier gibt es kaum wissenschaftliche Studien über die gesundheitsfördernden Wirkungen dieses natürlichen Werkstoffes, welcher Teil des Waldes ist.

Wenn wir uns mit dem natürlichen Material Holz in unserem Wohnbereich umgeben, steigt der Wohlfühlfaktor für die Bewohner deutlich! Intuitiv fühlen wir uns in dieser Umgebung wohl, was sich auch positiv auf unsere Psyche auswirkt. Weiters gibt es mittlerweile Studien aus Japan und Amerika, die belegen, dass der Regenerationsprozess von Patienten, die in Räumen mit Holz leben oder Ausblick auf die Natur haben, wesentlich schneller abläuft.

Der Anblick von Bäumen und Baumgruppen erinnert uns über unser Stammhirn an unsere steinzeitlichen Vorfahren, die in Savannen oder Steppenlandschaften lebten und Bäume und Baumgruppen als sicheren Rückzugsort sahen. Diese Erinnerungen sind noch immer in uns seit vielen Jahrtausenden gespeichert. Wir assoziieren daher dies mit positiven und beruhigenden Emotionen, wenn wir Bäume und Baumgruppen erblicken.

Ob die Ursache rein psychischer Natur ist, sei dahingestellt, wichtig ist die Tatsache des Wohlfühlens und der positiven Reaktionen unseres Immunsystems auf diese Umgebung! Der Faktor Wohlfühlen ist zwar kein wissenschaftlich relevanter Begriff, für uns Menschen jedoch ein sehr wesentlicher.

Ich bin überzeugt, dass wir den Zugang zu den positiven Eigenschaften des Holzes nicht nur über unseren Verstand, sondern auch über unsere Sinne, als sogenanntes Wohlfühlerlebnis beurteilen sollten. *Fühle dich wohl mit Holz*, wäre ein solcher Ansatz.

Die Energien des Holzes in unseren Wohnräumen spüren und die verschiedenen positiven Eigenschaften dieses Naturproduktes auf unser Wohlbefinden wirken zu lassen ist ein wichtiger Trend, der gerade den Bedürfnissen der heutigen Zeit nach Natürlichkeit und Einfachheit entspricht! Meine Meinung ist, dass nicht nur Bäume, sondern auch der Rohstoff Holz sehr viele natürliche Informationen speichert, die für viele Menschen deutlich wahrnehmbar und fühlbar sind.

Fühlen sie selbst, merken sie den Unterschied nach einem Aufenthalt in einem Holzhaus oder Wohnraum mit natürlichem Holz, im Gegensatz zu einem Aufenthalt in einem Raum mit künstlichen Materialen.

Spezielle Eigenschaften wie die beruhigende Wirkung der Zirbe für Schlafzimmer, die kräftigende Wirkung der Eiche im Arbeits- und Wohnbereich oder die stimmungsaufhellende Wirkung des Ahorns im Freizeitbereich können wir bewusst nutzen. Diese Wirkungen sind nicht nur in den Bäumen des Waldes, sondern auch im Naturprodukt Holz zu spüren, wenn wir uns durch unsere Sinne darauf einlassen.

Es wäre aber auch sinnvoll und wichtig auf die Eigenschaften des jeweiligen Holzes die eigenen Bedürfnisse abzustimmen, um so ein optimales Ergebnis für die eigene Gesundheit und das Wohlbefinden zu erzielen, so ähnlich wie beim Waldbaden bei lebenden Bäumen. So wäre zum Beispiel die herzfrequenzsenkende Wirkung des Zirbenholzes weniger für Menschen mit Energiemangel und permanenten Müdigkeitserscheinungen zu empfehlen. Hier würde ich eher zur kräftigenden Eiche greifen. So gibt es verschiedene Beispiele, wie wir diese Eigenschaften gezielt einsetzen können.

Holz mit allen Sinnen genießen und somit den Wald, die Natur in unser Heim zu holen, ist eine Möglichkeit, die ich hier aufzeigen möchte!

Holz ist ein lebendes Material, voller Informationen, welches wir nutzen können und sollten. Unser Lebens- und Wohnraum wird dadurch positiv beeinflusst.

Die wirtschaftliche Nutzung dieser Wälder ist daher kein Widerspruch zu den vorangegangen Waldtypen (Kernwälder, Erholungswälder). Wir dürfen diesen lebenden Rohstoff für unsere Häuser, unsere Wohnräume, für Möbel und sonstige Verwendungsmöglichkeiten nutzen.

Natürlicher Wirtschaftswald

Bäume und Holz als Informationsspeicher im natürlichen Wirtschaftswald

Ich möchte dir nun ein praktisches Beispiel aus unserem täglichen Leben über die Auswirkung von energetischen Schwingungen und Informationen von Holz geben:

Eines Tages besuchten meine Frau und ich gemeinsam mit einem befreundeten Geomanten einen Tischlermeister in Bayern. Wir unterstützen ihn bei der energetischen Auswahl von Hölzern, welche auf die Bedürfnisse von bestimmten Kunden abgestimmt und getestet werden. In diesem Fall wollte ein Kunde Atlaszederholz, eine mediterrane Baumart, die für Schlafzimmermöbel gedacht war. Diese Hölzer wurden auf ihre Schwingungsfrequenz und die damit verbundene energetische Belastung überprüft. Das Testergebnis von 2000–5000 Boviseinheiten (Schwingungseinheiten nach Bovis), war eindeutig im belasteten, negativen Bereich und das Holz somit keinesfalls für die Weiterverarbeitung geeignet.

Die Ursache dieser energetischen Belastung, durch Abfrage aus dem morphischen Feld und dem Informationsfeld des ehemaligen Baumes, die im Holz gespeichert waren, ermittelt, war folgende: *Das Holz stammte aus einem ehemaligen Kriegsgebiet in Südeuropa.*

Die Energie der Zerstörung und das dadurch entstandene Leid waren somit auch im Holz gespeichert.

Durch energetische Entfernung und Transformation der belastenden Energien sowie Harmonisierung der Schwingungen konnten die im Holz gespeicherten Informationen wieder in einen positiven Bereich umgewandelt werden. Hilfreich ist es, dabei in die Dankbarkeit zu gehen, das betroffene Holz zu segnen, sowie um Integration von positiven Informationen zu bitten und sich diese Änderung bereits vorzustellen. Anschließend überprüften wir das Ergebnis unserer Arbeit, die Schwingung und die damit verbundenen Informationen des Holzes. Diese erhöhte sich innerhalb kurzer Zeit auf 6000–9000 Boviseinheiten. Das Holz war nun frei von den belastenden Energien. Eine persönliche Empfehlung möchte ich in diesem Zusammenhang noch geben:

Für den eigenen Wohnbereich würde ich heimische Hölzer wählen. Am besten geeignet ist Holz, welches wertschätzend und liebevoll behandelt und gefällt wurde. Es gibt mittlerweile Betriebe, die diese Art der Nutzung und Bearbeitung von Bäumen bis zum fertigen Produkt anbieten. Wir können somit energetische Belastungen austesten und auflösen, mit dem Ergebnis, belastungsfreie Möbel aus Holz mit seinen positiven Eigenschaften, welche auf die Bedürfnisse der Menschen abgestimmt sind, für unseren Wohnbereich zu erzeugen.

Ich möchte nun ein Beispiel an Hand einer Baumart, der Weymouthskiefer (Strobe), und ihrer speziellen positiven Eigenschaften, geben:

Die Weymouthskiefer

wirkt auf unseren Körper und unser Energiefeld aktivierend, anregend und ausgleichend. Sie vereint Gegensätze in der Polarität. Dieser Nadelbaum und sein Holz sind hilfreich bei Stress, Müdigkeit, Antriebslosigkeit und Erschöpfung. Sie ist somit energetisch eine ideale Unterstützung für Menschen, die sich regenerieren möchten, um wieder in den Fluss und in ihre Kraft zu kommen.

Nutze die positiven Energien von Holz in deinem Wohnbereich

Bann- und Schutzwälder

Eine weitere wichtige Aufgabe unserer Wälder, die im Hinblick auf den Klimawandel in Zukunft immer mehr an Bedeutung gewinnt, ist ihre Schutzfunktion. Lawinen, Muren und Steinschlag gefährden viele Dörfer und Straßen. Daher sind diese sogenannten Bann- und Schutzwälder überlebensnotwendig für viele Gebirgsregionen.

Diese Wälder werden vor allem in Zukunft einen wertvollen Beitrag zur Sicherheit des Lebensraumes und der weiteren Bewohnbarkeit in alpinen Regionen beitragen. Eine der Hauptaufgaben der Forstwirtschaft wird die Verjüngung und Begrünung stabiler Schutzwälder und ihre Pflege sein. Diese Wälder sind der einzig leistbare Schutz vor Lawinen etc. Das Interesse an Sicherheit und Schutz für die Allgemeinheit, die diese Wälder bewirken, muss größer als wirtschaftliche und jagdliche Gründe sein.

Zusätzlich wird neben der Schutzfunktion der Erholungswert dieser Wälder in den alpinen Touristenzentren immer wichtiger. Durch die Klimaerwärmung entwickelt sich der traditionelle Wintertourismus zu einem Auslaufmodell. Daher wäre es auch sinnvoll, den Ausbau und die zusätzliche Erweiterung von Skigebieten zu beenden und die Sanierung und Wiederaufforstung von Wäldern in gefährdeten, unterbewaldeten Gebirgsregionen zu fördern.

Der Klimawandel und der damit verbundene Rückzug der Gletscher sowie die steigende Erosion zeigen uns den Wert dieser Wälder auf. Viele sind jedoch überaltert oder vom Borkenkäfer bedroht. Eine Ursache der fehlenden Verjüngung vieler Schutzwälder im Gebirge ist der zu hohe Wildbestand. Hier wäre ebenfalls dringender Handlungsbedarf gegeben. Letztendlich führt an diesen Maßnahmen kein Weg vorbei. Je früher man dies erkennt und umsetzt, desto kostengünstiger und besser ist dies für die gesamte Region.

Wälder mit besonderen Funktionen sind unsere Auwälder. Sie schützen vor Hochwasser und Überschwemmungen. Die Rodung von Auwäldern zugunsten von Industrie- und Wohnprojekten haben verheerende Auswirkungen für die Anrainer solcher Gebiete.

All diese Wälder mit ihren so wichtigen Funktionen bedürfen einer besonderen Wertschätzung und Pflege durch uns Menschen.

Man kann es nicht oft genug erwähnen: *Der Wert unserer Wälder wird in Zukunft nicht mehr nur in Erntefestmetern, sondern vor allem in Erholungs-, Gesundheits- und Schutzgegebenheiten gemessen werden!*

Mein neues Leben, mein neuer Weg

Die Geschichte der Entwicklung der vergangenen 40 Jahre in der Natur und in der Forstwirtschaft, so wie ich sie im Laufe meiner beruflichen Laufbahn kennengelernt habe, können viele naturverbundene Menschen, die diese Zeit miterlebt haben, bestätigen.

Außerhalb dieser normalen Realität gab es für mich jedoch einen Wendepunkt in meinem Leben, in der alles anders wurde. Nach der Jahrtausendwende begann bei mir ein jahrelanger Prozess des Lernens, Loslassen von alten Gewohnheiten, alten Denkmustern, alten Freundschaften, ein neues Bewusstsein, das schließlich in Vertrauen und Wissen überging, dass unsere sogenannte Realität nur ein kleiner Teil dessen ist, was zu einem großen Ganzen gehört, da wir alle miteinander verbunden und somit Teil dieses Ganzen sind. Es war auch eine Zeit, in der ich viele neue großartige Menschen, Lehrer, Heiler und Schamanen kennenlernen durfte, die mich erinnerten, meinen eigenen Weg zu finden und diesen auch zu gehen.

Es war, als wenn ein junger Bär erstmals seine sichere Höhle verlässt, von der er glaubte, dies sei die ganze Welt. Plötzlich merkt er, dass die Welt da draußen spannend und voller neuer Wunder ist. Diese neuen Erfahrungen waren manchmal auch schmerzlich, stellten sich aber im Nachhinein als wichtige Lerneinheiten heraus.

Wie so oft sind Krisen und Krankheiten Ursachen und Beweggründe, sein Leben zu ändern. Als nach der Jahrtausendwende mein Immunsystem und mein Körper durch immer wiederkehrende Infekte und Anzeichen schwerer Krankheit mir aufzeigten, dass ich eine dringende Auszeit benötige, beschloss ich eine mehrwöchige Kur in den Bergen des oberösterreichischen Salzkammergutes zu machen. Meine Entzündungswerte waren laut einer schulmedizinischen Untersuchung besorgniserregend. Ich hatte jedoch das Gefühl, dass durch Änderung einiger Lebensgewohnheiten, die Ursache und somit die körperlichen Auswirkungen meiner Beschwerden schnell wieder verschwinden werden. Stress und falsche Ernährung waren einige dieser Ursachen, die zu regulieren waren.

Wie der Zufall es will, traf ich dort einen Mann, der sich sehr intensiv mit alternativen Heilmethoden, Gesundheit und Spiritualität beschäftigte und mir viele nützliche Tipps für meinen späteren Weg geben konnte. Stundenlange Spaziergänge und ausgedehnte Wanderungen im Gebirge, begleitet von vielen positiven, inspirierenden Gesprächen mit diesem bewussten Menschen bereicherten meinen Kuraufenthalt.

Zu diesem Zeitpunkt hatte ich das Gefühl, ja das Bedürfnis, meine Ernährungsgewohnheiten in Form von Fleischverzicht zu ändern. So wurde ich durch diese Intuition zum Vegetarier, durch die Impulse meines Körpers. Es war mir von nun an nicht mehr möglich Fleisch zu essen, da mein Körper diese Art von Nahrung verweigerte, obwohl ich dies zuvor über 40 Jahre praktiziert und genossen hatte.

Das Erstaunliche war jedoch, dass innerhalb kürzester Zeit sämtliche körperliche Beschwerden verschwunden waren und meine Entzündungswerte sich normalisiert hatten. Mein Immunsystem wurde wieder stabil ohne Einnahme von Medikamenten oder sonstige medizinische Eingriffe. Lediglich einige Änderungen in der Ernährung, Bewegung in der Natur, in den Bergen, weniger Stress sowie eine neue Art des positiven Denkens verursachten diesen spontanen Heilungs- und Regenerationsprozess. Es bewirkte aber auch noch etwas anderes in mir.

Es war, wie wenn jemand eine neue Tür geöffnet hätte, zu einem Raum voller Wissen, einem Raum, den ich anscheinend schon gekannt, aber vergessen hatte. Es war ein Raum voller neuer Erfahrungen und neuer Möglichkeiten. Es begann eine neue Zeit, in der ich Bücher über Naturheilkunde, Selbstheilungskräfte und Spiritualität förmlich verschlang. Dieser Prozess dauerte einige Jahre, bis ich das Gefühl hatte, dieses Wissen durch praktische Anwendungen noch vertiefen zu müssen.

Diese Entwicklung geschah parallel zu meiner Tätigkeit als Förster und bewirkte auch Änderungen meiner Sichtweise auf meine tägliche Arbeit und somit einen achtsameren Umgang mit der Natur.

Das Bedürfnis, tiefer in die neue Materie einzudringen und hinter die Ursachen vieler Dinge zu blicken, wurde immer stärker. Ich begann meine ersten Ausbildungen in alternativen Heilmethoden zu absolvieren. Glücklicherweise durfte ich diese ersten praktischen Lerneinheiten bei einem Arzt erlernen, welcher jahrelange Erfahrungen in der Energiearbeit und der Kunst der Shaolinmönche, ihren Heil- und Meditationstechniken, hatte.

Der Umgang mit verschiedenen Energieformen sowie deren sensitive Wahrnehmung waren ebenfalls Teil dieses Lernprozesses. Achtsamkeit, bewusstes Wahrnehmen des eigenen Körpers, seiner Umgebung sowie positive Steuerung der Gedanken und deren Auswirkung auf Körper, Geist und Seele und somit auf unsere Gesundheit wurden mir immer mehr bewusst. Diese ersten praktischen Erfahrungen zeigten mir bisher ungeahnte Möglichkeiten auf, wie einfach manche Dinge zum Positiven korrigiert werden können, wenn man sich darauf einlässt.

Gleichzeitig wurde ich auch erinnert, dass unsere Gedanken und Aussendungen eine große Kraft und Auswirkung auf unser Leben haben. Mit der Kraft der Gedanken können wir viele positive Dinge im Leben erschaffen, aber auch destruktive Kräfte ins Leben rufen. Daher tragen wir auch die Verantwortung für unsere Aussendungen, denn wir sind Schöpfer unserer Realität und unserer Gesundheit.

Diese neue Lebensweise und das damit verbundene Bewusstsein hatte auch Auswirkungen auf mein Privatleben. Manche Menschen hatten Probleme mit meinen neuen Ideen und neuen Zugängen zum Leben. Das ist auch so in Ordnung. Kurz gesagt, so manche alte Freundschaft löste sich im Laufe der Zeit auf und neue Menschen, die diese Einstellung teilten, traten in mein Leben.

Warum ich dies erzähle: *Dieser Prozess der Änderung der Lebensumstände, des Lebensumfeldes, ist ein Prozess des Loslassens.* Es ist ein Prozess zu seiner Überzeugung zu stehen und gleichzeitig Achtsamkeit und Toleranz gegenüber sich selbst und anderen zu üben.

Diese Beobachtung machte ich auch immer wieder bei vielen Menschen, die durch den Prozess der Bewusstseinsänderung gingen und dadurch im persönlichen Umfeld Probleme hatten. Langfristig ändert sich jedoch das Umfeld zum Positiven, da man gleichgesinnte Menschen anzieht, die dich in deiner Arbeit und deinem neuen Umfeld unterstützen.

Weitere wichtige Schritte im Laufe meiner persönlichen Entwicklung und meiner Ausbildungen war eine intensive Zeit im Kreise einiger Schamanen, in der ich gemeinsam mit meiner Frau den Bezug zu Mutter Erde, den Krafttieren, der Natur, den Naturwesen und all den verschiedenen Wesenheiten näher kennenlernen durfte. Die verschiedenen Ebenen der unterschiedlichen Welten wurden uns nähergebracht, um in diese zu reisen und damit zu arbeiten. Arbeiten mit verstorbenen Menschen und erdgebundenen Seelen waren spannende neue Erfahrungen, die Achtsamkeit, Demut und Vertrauen in die geistige Welt erforderten. Auch die Unterscheidung zwischen eigener Wahrnehmung und Manipulation war und ist eine ständige Herausforderung bei diesen Arbeiten und Lerneinheiten.

Jeder Tag war voller neuer Erfahrungen und oft benötigten wir die gegenseitige Hilfe bei unseren Arbeiten. Diese

Lerneinheiten waren hilfreich für unser zukünftiges Leben und unsere Arbeiten. Sie brachten Sicherheit und neue Erkenntnisse.

In diese Zeit fiel auch eine intensive Beschäftigung mit dem Thema *Geistiges Heilen*, einem Gebiet der alternativen Medizin, welches uns den Zugang zu unseren Selbstheilungskräften zeigt, unterstützt durch die Hilfe der geistigen Welt. Diese Art der Heilarbeit ist besonders hilfreich zur Aufarbeitung der eigenen belastenden Themen und Muster, um sowohl auf der feinstofflichen als auch auf der körperlichen Ebene Heilarbeiten durchführen zu können.

All diese Methoden zeigten mir den Zugang zu einer Welt außerhalb unserer täglichen Realität auf, sowie neue Möglichkeiten, meinen Lebensweg zu gehen. Schließlich bekam ich Klarheit über diesen Weg und wurde mir meiner eigentlichen Aufgabe in diesem Leben immer mehr bewusst.

Eine meiner Aufgaben ist es, mein Wissen aus der praktischen Tätigkeit als Förster, über den Wald, die Bäume und die damit verbundenen feinstofflichen Zusammenhänge, mit meinen Erkenntnissen über alternative Heilmethoden zusammenführen, um dies sowohl für die Menschen und den Wald zu nutzen.

Dabei durfte ich den Wald auf eine neue Art erfahren, über das Fühlen, sodass ich viele Informationen, die mir von den feinstofflichen Wesen gezeigt wurden, auch wahrnehmen und verstehen konnte. Das Ergebnis dieser Zusammenführungen wurde in Form von praktischen Übungen, die wir in unseren Seminaren vermitteln, umgesetzt.

Als dann mein erstes Buch erschien und der Trend Waldbaden in den Blickpunkt der Öffentlichkeit rückte, durfte ich Vorträge und Lesungen zu diesem Thema abhalten. Viele Menschen bekamen durch meine Bücher, Seminare und Referate eine neue Perspektive zum Thema Wald und seine heilenden Wirkungen auf uns Menschen.

Das positive Feedback von Seminarteilnehmern und Menschen mit ähnlichen Erfahrungen bestärken uns immer wieder in unserer Arbeit. Daher möchte ich dem Leser Folgendes mitgeben.

Es ist auch gleichzeitig das Geheimnis des Erfolges von Menschen, die sich über ihr Herz führen lassen: *Wenn du im Herzen spürst, was deine Aufgabe ist, so gehe diesen Weg, deinen Lebensweg!*

Ein neues Bewusstsein, eine neue ganzheitliche Betrachtungsweise

Es bedarf hier jedoch eines neuen Bewusstseins und einer neuen Betrachtungsweise unserer Umwelt aus einer ganzheitlichen Sicht, einer Sicht auf mehreren Ebenen, in der auch die feinstofflichen Bewohner mit einbezogen werden. Es ist dies die Auffassung einer neuen Welt voller Wunder und Überraschungen. Es geht um Erfahrungen, die wir im Laufe unserer Tätigkeit in der Natur machen durften. Menschen, mit denen wir diese Erfahrungen teilen durften, unterstützen uns bei unseren Tätigkeiten durch ihre Fähigkeiten.

Besonders diese Welt abseits unserer alltäglichen Realität möchte ich Ihnen gemeinsam mit meiner Frau näherbringen. Ich bitte sie daher, sich von vorgefassten Meinungen, sogenannten wissenschaftlichen Tatsachen, dass es nicht sichtbare und nicht erklärbare Dinge nicht geben kann, zu lösen. Seien sie frei für eine neue Welt und ihre Wunder, eine Welt mit neuen Möglichkeiten und Chancen auch für uns Menschen!

Das Bewusstsein der Zerstörung, welche der Mensch durch unachtsames Handeln in der Natur auf den verschiedenen Ebenen anrichtet, ist Teil dieser Botschaft, Heilung für den Wald, Heilung für die Menschen!

Auf diese Thematik werde ich nun gemeinsam mit meiner Frau Andrea genauer eingehen.

Meine persönliche Geschichte, eine Geschichte über einen Neuanfang

Liebe Leser/innen, ich bin Andrea Buchberger und zeige euch nun einen für viele noch unbekannten Teil unserer Realität. Es ist meine Geschichte über beide Welten, eine Geschichte, in der mir mein persönlicher Zugang durch außergewöhnliche Erfahrungen und die daraus resultierenden Erkenntnisse im alltäglichen Leben gezeigt wurde. Es ist meine persönliche Geschichte, die ich nun erzähle, um zu veranschaulichen, wie hilfreich es sein kann, wenn man doch an Engel, geistige Wesen und Naturwesen glaubt.

Als ich vor einigen Jahren erkrankte und unmittelbar vor einer Operation stand, riss es mir förmlich den Boden unter meinen Füßen weg. Ich wurde depressiv, hatte eine extrem negative Lebenseinstellung. Auf der einen Seite war dies unter den gegebenen Umständen nicht verwunderlich, auf der anderen Seite ist es aber gerade in solch einer Situation wichtig, eine positive Lebenseinstellung als wichtigsten Schritt zum Gesundwerden zu haben.

Mit diesem Wissen wuchs mein innerer Druck enorm.
Wie kann ich in meinem negativen Zustand meine Krankheit besiegen?

Ich habe eine liebe Freundin, die in ihrer ruhigen und einfühlsamen Art es schon des Öfteren geschafft hat, mich wieder in meine Mitte zu bringen.

Diese Freundin setze sich zu mir, schaute mich an und sagte lange nichts.

Nach einigen Minuten in Stille sagte sie zu mir: „Ich traue es mir gar nicht zu sagen, aber ich habe die Engel gefragt und sie haben mir geantwortet!

Ich habe sie gefragt, warum sie dir nicht helfen wollen? Weißt du, was sie mir geantwortet haben?"

„Wir sind nicht um Hilfe gebeten worden!"

Ich glaube an meinen ganz persönlichen Schutzengel, ich rede auch mit ihm, aber um etwas gebeten habe ich ihn nicht. Je länger ich darüber nachdachte, umso weniger konnte ich diese Tatsache verstehen, wäre es doch das Naheliegendste der Welt gewesen.

Ich habe um Hilfe gebeten.

Ich wurde wieder ganz gesund, dank medizinischer Unterstützung, vor allem aber durch die Hilfe meines persönlichen Schutzengels, durch den meine positive Lebenseinstellung wieder zu mir zurückkehrte und mein Vertrauen in mein Leben wiederhergestellt wurde.

Warum erzähle ich diese Geschichte?

Weil ich überzeugt bin, dass jeder von uns Hilfe erhält, wenn er darum bittet!

Folgt mir daher nun auf meiner Reise, einer Reise in eine besondere Welt!

MEINE IMAGINÄRE REISE!

Ich begebe mich auf eine Reise!

Ich begebe mich auf eine imaginäre Reise!

Ich begebe mich auf eine imaginäre Reise zu meinem imaginären Kraftplatz!

Ein Kraftplatz!

Ein imaginärer Kraftplatz!

Mein imaginärer Kraftplatz ist eine Kombination zweier wunderschöner Plätze in unserer realen Welt:
Bryce Canyon, Bundesstaat Arizona, USA

Fels im Meer, Istrien, Kroatien

Diese beiden Plätze, die wunderschöne Naturschauspiele beinhalten, haben mein Leben sehr geprägt.

Diese bizarren Felsformationen, rosa Gebirgstürme, enge Schluchten auf 3000 m Höhe, lassen einen die Unendlichkeit deutlich spüren, aber auch die Endlichkeit unseres eigenen menschlichen Lebens.

Das menschliche Leben in seiner Wichtigkeit, vor allem aber in seiner Unwichtigkeit.

Die unendliche Ruhe, die unendliche Weite des Meeres in all seinen Blau-, Grün- und Schwarzschattierungen zeigen, wie klein und unbedeutend wir Menschen in Wirklichkeit sind.

Diese zwei Plätze habe ich in meinen Gedanken zu eben diesem einen Kraftplatz vereint.

Ein Felsen, umgeben von Wassermassen, ringsum große, überdimensionale Steinskulpturen, die sich wie ein Schutzwall von allen Seiten auftürmen.

Es ist dies auch ein Farbenspiel der besonderen Art, ein Felsen in einem Grau, so intensiv, wie ich es noch nie real gesehen habe, ein Meer, schwarz, doch weder angst- noch furchteinflößend, sondern ein Schwarz wie ein Schutzmantel, der die herausragenden Felsen umgibt, und Rosa, eine Farbe, die das Grau des Felsen und das Schwarz des Wassers einhüllt.

Meine Reise kann beginnen.

Ich spüre Salz, eine leichte Brise lässt es angenehm auf meiner Haut prickeln, es riecht nach Frische, Kälte und Wärme zugleich.

Kälte und Wärme riechen?

Ja, auf meinem Kraftplatz kann ich die Wärme und die Kälte nicht nur spüren, ich kann sie auch riechen.

Auf meinem Felsen sitzend, lasse ich geschehen, was rings um mich passiert.

Ein Erdhörnchen macht sich bemerkbar.

Ein Bussard kreist hoch oben über mir.

Von Weitem höre ich Kinderlachen, Pferde, Autos und noch vieles mehr.

Je länger ich sitze, desto mehr spüre ich meinen Körper und desto weniger höre ich die Nebengeräusche.

Ich bin eins, eins mit meinem grauen Felsen, mit meinem schwarzen Wasser und mit meinen rosa Gesteinstürmen.

Ich habe nun die Möglichkeit zu entscheiden, wohin die Reise geht.

Ich steige Stufen empor.

Stufen, so fest und stark, man könnte meinen, dass sie einen hinauftragen, immer weiter, immer höher hinauf.

Ich verlasse meinen sicheren Platz auf meinem Felsen und gehe ins Ungewisse.

Doch es stellt sich keine Frage, kein Zeichen der Angst, Unsicherheit oder Zweifel ein.

Ich fühle mich sicher, beschützt und geborgen.

Rings um mich fühlt es sich leicht und luftig an, wie eine dünne Nebelschicht, die mich umgibt, die eine oder andere Wolke, die mich begleitet auf meinen Weg nach oben.

Stufe um Stufe gehe ich die Treppe empor, überwinde den Nebel und lasse die kleinen und auch großen Wolken an mir vorbeiziehen.

Ich denke an nichts!

Ich bin frei von Gedanken!

Ich bin eins, ich, mein Körper mit meiner Seele!

Wenn ich jetzt umkehre, ist es völlig in Ordnung für mich.

Ich habe für einen Augenblick den Frieden gefunden, die Liebe gespürt.

Ich kehre nicht um!

Vor meinen Augen sehe ich eine Gestalt, die Umrisse einer Gestalt, nebelumhüllt eine männliche Gestalt!

Ich sehe die Umrisse einer männlichen Gestalt. Sie wirkt klein, alt, weise.

Sie löst bei mir das Gefühl des Geborgenseins, des Beschütztseins aus:

Ich bin beschützt!

Das Menschliche siegt!

Wo bin ich?

Wer ist das?

Was will er?

Zurück, retour, ich bin weg!

Ich sitze in meinem Sessel, in meinem Meditationsraum, in meinem Haus.

Guten Morgen!

Der Alltag ruft!

Ich begebe mich auf eine Reise.

Es ist ja schon alles bekannt, daher: Kraftplatz, Fels, Wasser, Gesteinstürme, Treppe, Nebel, Wolken.

Ich sehe die Umrisse einer männlichen Gestalt. Sie wirkt klein, alt, weise. Sie löst bei mir das Gefühlt aus: Ich bin beschützt!

Heute siegt die Neugier! Ich bin ja auch vorbereitet.

Ich wage mich vorsichtig näher an die Gestalt heran.

Der kleine, alte weise Mann reicht mir die Hand.

Jetzt weiß ich es mit Gewissheit: Ich bin beschützt!

Es sind viele Reisen notwendig, um zu begreifen, dass es einen Geistführer gibt, dass man einen Geistführer hat, dass man seinen Geistführer gefunden hat.

Ob Engel oder Geistführer, es sind Wesen, die mir auf dieser Erde zur Seite gestellt werden, um mich zu beschützen, mir und somit auch anderen Menschen im täglichen Leben zu helfen.

Hilfestellung für die Natur durch bewusstes Aussenden von positiven Bildern und Gedanken

Die Natur, der Wald, Tiere, Pflanzen, Naturwesen, sie alle bedürfen unserer Hilfe in dieser so herausfordernden Zeit. Jeder kann seinen Beitrag dazu leisten, indem er nicht nur für sich selbst, seine Liebsten, sondern für die Natur, für den Wald mit all seinen Bewohnern, ja, für die gesamte Mutter Erde um Hilfe bittet.

Dies kann durch positive Affirmationen, aber auch in Form von positiven Gemeinschaftsarbeiten, unterstützt durch die Hilfe unserer Engel und Geistführer geschehen. Die Kraft unserer Gedanken und die damit verbundene Aussendung sind sehr wirkungsvolle Instrumente zur positiven, harmonisierenden Veränderung unseres Lebensraums, der Natur, der Wälder und Mutter Erde, die wir jetzt nutzen dürfen.

Es ist jetzt an der Zeit unseren Anteil zur positiven Wende unserer Zeit beizutragen durch: *Verantwortungsvolles Bewusstsein!*

Alles was wir denken, handeln und aussenden, hat letztendlich eine Auswirkung auf uns, unser Leben und unsere Umwelt, da alles mit allem verbunden ist.

Viele Menschen haben dies ohnehin schon längst bemerkt und erkennen den Handlungsbedarf.

Daher unser Aufruf an alle bewussten Menschen:
Wir denken und erschaffen uns unsere positive Zukunft!

So wie die jetzige globale Situation das Ergebnis vergangener Denk- und Handlungsweisen von uns Menschen ist, genauso können wir unsere Zukunft durch unser Denken und Handeln im Hier und Jetzt positiv gestalten.

Wir sind keine hilflosen Opfer! *Wir sind Schöpfer unserer Realität!*
Daher ist es Zeit unsere Gedanken und unser Handeln auf unser Herz zu fokussieren und diesen Impulsen zu folgen.

Wenn wir unser Denken und Handeln nach diesen Gesichtspunkten ausrichten, zu unserem Wohle und zum Wohle aller, dann ist jetzt der richtige Zeitpunkt dies auszusenden und somit die Basis für eine positive Zukunft zu erschaffen!

Je mehr Menschen diese Gedanken und Bilder aus ihrem Herzen aussenden, desto rascher erfolgt eine Veränderung zum Positiven!
Daher mein Aufruf, unsere Welt, in der wir leben, durch ein neues Bewusstsein, achtsames Denken und Handeln zu verändern und somit die Wiederherstellung und Harmonisierung der natürlichen Ordnung von Mutter Erde,

der Natur, mit all ihren Lebewesen und uns Menschen, als Teil dieser natürlichen Ordnung zu bewerkstelligen.

Es liegt an jedem von uns aufzustehen, du kannst jetzt beginnen mutig dein Leben neu zu gestalten, Achtsamkeit in dein Leben zu integrieren und Mitgefühl gegenüber dir, den Menschen und der Natur zu entwickeln. Aus der Sicht der feinstofflichen Welt bist du dann wie ein Licht, welches andere Lichter entzündet, die sich rasch zu einer Lichterkette vereinen. Dies ist somit ein Aufruf rasch zu handeln. Es ist ein Weckruf an deine Verantwortung, dass jeder seinen Beitrag dazu leisten kann, genau da, wo er gerade lebt, wirkt und arbeitet, unabhängig von Beruf, Position und Lebensart.

Öffne dein Herz, damit das Urvertrauen in dein Leben sowie die bedingungslose Liebe zu dir und allem, was ist, wieder gestärkt wird.

Es ist deine Entscheidung, dein bewusster Beitrag für eine gesunde Umwelt und unsere Zukunft, um durch diese schwierige Zeit zu kommen.

Übung: Visualisierung von positiven Bildern, Gedanken, Gerüchen, Geräuschen ...

Wir kennen das Gesetz der Polarität und Resonanz.

Wenn man seine Aufmerksamkeit auf ein bestimmtes Thema richtet, dieses mehr und mehr fokussiert, so wird man es in sein Leben ziehen. So können scheinbar unwichtige Dinge enorm an Wertigkeit gewinnen, ohne dass man es selber merkt.

Es kann im Endeffekt so weit gehen, dass sich alles nur mehr um das Eine dreht, man erschafft sich sozusagen seine eigene Realität. Dabei wird einem selbst nicht klar, wie weit man sich in Wirklichkeit von seiner Mitte und dem, was einem guttut, entfernt hat.

Viele Beispiele dazu gab es in der Zeit des *Lockdowns*, als das Leben aufgrund von Corona auf ein Minimum reduziert wurde.

Die ständigen negativen Meldungen in den Medien, die Szenarien, die uns Menschen treffen könnten, bewirkten, dass sich bei vielen Menschen genau diese Bilder im Kopf festsetzten und große Angst, Unsicherheit und Ratlosigkeit entstanden.

Gesunde Menschen gerieten in Panik, glaubten krank zu sein und in ein Krankenhaus zu müssen, wo aber im Moment kein Platz für sie sei. Genau diese negativen Bilder und Gedanken können aber dazu beitragen, dass man wirklich krank wird.

Je tiefer man in dieser Negativspirale gefangen ist, desto schwieriger ist es, wieder herauszufinden.

Gerade in dieser Zeit, inmitten von Corona, machte ich mir sehr oft Gedanken darüber, was hier auf der Erde gerade passiert.

Dadurch, dass ich dabei aber nicht bewerte, beachte ich auch das Gesetz der Polarität. Bei der Beobachtung neutral zu bleiben, in seiner Mitte zu sein, ist dabei sehr wichtig.

Wo steuern wir hin?

Wälder werden durch Rodungen vernichtet!

Bäume sterben durch Schädlingsbefall ab!

Tiere leiden durch uns Menschen!

Jetzt hat es auch uns Menschen erwischt, dies war nur eine Frage der Zeit!

Ich ging oft zum Meditieren in den Wald und erhoffte auch, Antworten auf meine vielen Fragen zu bekommen.

Ich bekam die Antworten, einfach, banal und verständlich.

Die Information war, dass wir Menschen alle positiven Bilder, Gedanken, Gerüche, Geräusche ..., alle unsere positiven Erinnerungen und Erlebnisse in das Universum schicken, damit diese nicht verloren gehen, sondern erhalten bleiben.

Indem ich mir diese positiven Gedanken immer und immer wieder vor Augen halte, sie in mir speichere, tritt nun hier der positive Aspekt von Resonanz in Kraft. Ich erschaffe mir sozusagen meine eigene positive Zukunft.

Wenn du spazieren gehst, gehe bewusst, achte auf das saftige Grün der Blätter der Bäume, höre das Rauschen des Wassers und das Zwitschern der Vögel, spüre deine Ruhe und Zufriedenheit!

Immer dann, wenn dir bewusst wird, wie schön das Grün der Bäume ist, dann schließe deine Augen, halte dieses Bild in Gedanken für ca. 10 Sekunden fest und übergib dieses Bild dann dem Universum!

10 Sekunden erscheinen im ersten Moment sehr kurz, doch wenn du bewusst in dieser Zeit nur an dieses eine Bild denkst und es festhältst, wirst du sehen, wie lange 10 Sekunden sein können!

Gehe weiter, visualisiere immer wieder Bilder, Gedanken, Gerüche oder Geräusche, aber auch deine ganz persönlichen positiven Erinnerungen und Erlebnisse!

Du wirst sehen, Zeit spielt in diesem Moment keine Rolle mehr, du wirst ein Vielfaches an Zeit benötigen als normalerweise, und das ist gut so.

Du hältst alles Positive fest, holst es zu dir und speicherst es in dir, aber es gibt auch noch einen anderen, ganz positiven Effekt dabei. Du merkst und bist ganz erstaunt darüber, was du schon alles Schöne erlebt hast, auf wie viele schöne Erinnerungen du zurückblicken kannst, ganz zu schweigen davon, wie erholsam es ist, in Ruhe und Achtsamkeit einen Spaziergang zu machen und dabei die Natur genießen zu können.

Du kannst diese Übung zu jeder Zeit, an jedem Ort machen.

Es muss ja nicht immer ein Spaziergang sein, es reicht, wenn du z. B. einen Schmetterling an dir vorbeifliegen siehst, visualisiere das Bild, schicke es ins Universum, speichere es in dir.

Wenn du einen schönen Moment mit deinem Partner, deinen Kindern, in der Natur erlebst, gehe genauso vor.

Alleine das Bewusstsein, wie viel Schönes das Leben für dich bereithält, bewirkt in dir eine gewisse Leichtigkeit, Zufriedenheit und auch Gelassenheit, die es dir ermöglichen mit auftretenden Schwierigkeiten und Belastungen besser umgehen zu können.

Ich wünsche dir viel Spaß bei dieser Übung und glaube mir, du wirst über dich selbst überrascht sein!

Immer mehr Menschen stellen sich die Frage, welchen Beitrag kann ich für die Wälder, die Natur mit all ihren Lebewesen und für Mutter Erde leisten, unabhängig von einer bewussten Lebensweise, dem entsprechenden Konsumverhalten und dem damit verbundenen ökologischen Fußabdruck.

Die Antwort ist Hilfestellung durch positive Affirmationen und Aussendungen für uns Menschen, Mutter Erde, die Natur und unsere Wälder, mit all ihren Bewohnern!

Positive Aussendungen und Affirmationen

Sehr wichtig bei der Formulierung von Affirmationen ist es, dass ich mir ganz genau überlege, was will ich, was ist mein positives Ziel.

Ich kann auch meine Lebensplanung, so wie ich sie mir vorstelle, affirmieren.

Dazu schreibe ich meine ganz persönliche Geschichte, so wie ich sie mir vorstelle. Ich schreibe in der Gegenwart, so als wäre es schon eingetreten.

Ich zeige Ihnen nun meine ganz persönliche Geschichte. Mein Wunsch war es, Rituale für Waldheilung den Menschen näher zu bringen.

Ich bin Lehrerin für Waldheilung!

Voller Stolz stehe ich am 21. Juni 2018 am Waldrand, an einem Feuerkorb!

Rund um diesen Feuerkorb befindet sich eine Vielzahl von Menschen, die gekommen sind, um an meiner gemeinsamen Arbeit für Waldheilung, welche ich heute abhalte, teilzunehmen!

Diese Arbeiten, jeweils verschiedenen Orten angepasst, habe ich in Verbindung mit der geistigen Welt geschrieben!

Ich spüre eine große Freude, großen Stolz und bin sehr dankbar, dass ich die Möglichkeit bekommen habe, diese Zeremonie durchzuführen!

Ich bin mir der großen Verantwortung bewusst, die ich gegenüber dem Wald, seinen Bewohnern und all den Menschen, die heute gekommen sind, habe!

Ich genieße es, hier zu stehen!

Die positive Energie ist überwältigend!

Manche Menschen sind mit Energien dieser Art noch nie konfrontiert worden, sie werden von ihren Gefühlen überwältigt!

Ich habe jede Situation fest im Griff!

Ich strahle Ruhe und Gelassenheit aus, die diese Menschen gerade jetzt benötigen!

Ich bewahre den Überblick und finde für jene Menschen, die meine Hilfe benötigen, die für sie richtigen Worte!

Bei der Zeremonie bin ich fest in meiner Mitte verankert und in meiner vollen Kraft und Stärke!

Wir erfahren Heilung für den Wald, für seine Bewohner, für Mutter Erde und jeden Menschen, der dabei sein kann!

Ich schaue in die Augen dieser Menschen und sehe, was Liebe, Freude, Vertrauen und Dankbarkeit bedeuten! Die Dankbarkeit und Wertschätzung, die ich erfahre, lassen bei mir Tränen der Freude fließen!

Wichtig bei meiner ganz persönlichen Geschichte ist es, meine persönlichen Werte einfließen zu lassen.

Tatsächlich war es zu dieser Zeit für mich schwer vorstellbar, dass am 21. Juni 2018 meine erste geführte gemeinsame Arbeit für Waldheilung erfolgreich stattfinden sollte, und viele Arbeiten noch folgen würden. Die Vorgeschichte dazu, die Erlebnisse die zu *Heilung für den Wald* führten, möchte ich dir jedoch nicht vorenthalten.

Der Hilferuf des Waldes

Ich erinnere mich noch gut an jene Wanderung vor einigen Jahren, gemeinsam mit meinem Mann, in einem Gebirgswald in Oberösterreich. Dieser Wald war stark durch Borkenkäferbefall und Eschentriebsterben geschädigt. Ohne Vorwarnung durften wir bewusst das erste Mal den Zustand der kranken Bäume des Waldes spüren und emotional wahrnehmen. Es war ein Hilferuf der Natur an uns Menschen. Mein Mann spürte am ganzen Körper starke emotionale Belastungen.

Diese Wesen zeigten uns jenen Zustand, den wir Menschen den Wäldern und der Natur zugefügt haben. Diese Botschaften und Szenarien werden uns immer wieder gezeigt, um zu handeln und sie an die Menschen weiterzugeben. Der Wald, die Bäume und die Natur benötigen auch auf der energetischen Ebene dringend Hilfe und Unterstützung von uns Menschen.

In der Sommerzeit, in der es in den vergangenen Jahren besonders trocken war und der Wald besonders litt, wurde ich auf meinen Waldspaziergängen immer wieder durch ähnliche Hilferufe an diese Thematik erinnert. In meinem Kopf entstanden Bilder, Bilder von Naturwesen, Bilder von Baumwesen auf der Flucht vor den großen Erntemaschinen. Orientierungslosigkeit, Unverständnis für die Zerstörung ihres Lebensraumes, Panik verursachen diese großen Maschinen im Reich der Natur- und Baumwesen.

Gehen wir in unseren Gedanken weiter. Was für ein Leid muss in den Wäldern des tropischen Regenwaldes herrschen, wo Tausende Hektar Urwald gerodet und vernichtet werden.

Der Wald, die Bäume, die Natur benötigen dringend Hilfe und Unterstützung durch uns Menschen und wir wurden regelrecht dazu aufgefordert etwas zu tun.

Daher wurden von uns in den letzten Jahren Arbeiten mit der Bitte um Heilung und Wiederherstellung der natürlichen Ordnung für den Wald mit all seinen Bewohnern abgehalten.

Heilung für den Wald ist eine positive Aufforderung an uns Menschen, diesen Prozess zu unterstützen. Daher

möchten wir unsere Erfahrung als Hilfestellung weitergeben, um unseren Teil zur bewussten Trendwende für die
Natur, den Wald und Mutter Erde beizutragen.

Heilung für den Wald

Was kann man sich darunter vorstellen?

Wir spazieren im Wald, finden dort für uns Ruhe und Ent-
spannung, praktizieren *Waldbaden*, das heißt, wir holen
uns einerseits Kraft und Energie von den Bäumen und an-
dererseits lassen wir unsere Belastungen im Wald zurück.

Wir *nehmen* von den Bäumen, vom Wald, von der Natur,
doch wissen wir alle, dass immer ein gesundes Gleichgewicht hergestellt sein muss, ein Gleichgewicht zwischen
Geben und *Nehmen*.

Wenn uns bewusst wird, dass wir Teil eines Ganzen sind,
so ist dies der erste große Schritt in Richtung Heilung, Heilung für den Wald mit all seinen Bewohnern und somit
auch Heilung für uns.

Heilung für den Wald ist eine Aussendung, eine bewusste positive Absicht und Hilfestellung für den Wald, mit all
seinen Bewohnern.

In Form positiver Gedanken visualisieren Menschen in
Dankbarkeit die Vorstellung, dass sich die Natur, der Wald,
Mutter Erde in einem gesunden, harmonischen Zustand

befinden. Diese positiven Bilder werden über unser Herz ausgesandt.

Je mehr Menschen, je größer die Gruppe, die an diesen Aussendungen teilnehmen, desto machtvoller und effektiver ist das Ergebnis.

All das, was wir an positiven Gedanken, Wünschen aussenden, kommt als positive Energie zu uns zurück. Solch ein Beispiel aus dem Sommer 2019 möchte ich nun erzählen.

Sommersonnenwende 2019, Heilung für den Wald

Es war ein ganz besonderer Tag!

Wir hatten für unser Ritual einen wunderschönen Platz, am Waldrand, inmitten eines Pferdegestüts, mit Blick auf Salzburg ausgesucht.

Ich bereitete den Platz liebevoll vor, im Zentrum ein Holzbrett, bemalt mit der Blume des Lebens für weibliche und männliche Energie, als Symbol für kranke Bäume und der Bitte um Heilung, umgeben von einem ausgelegten Herz aus Steinen, als Symbol für die Liebe der Menschen zur Natur, umrahmt von Kerzen und Fackeln.

Viele Menschen hatten ihr Kommen zugesagt. Der Wetterbericht stellte jedoch eine Herausforderung dar. Eine Gewitterfront mit sehr starken Niederschlägen war die Prognose. Wir wussten jedoch, egal wie heftig dieses Gewitter auch werden würde, es ist unsere Aufgabe, dieses Ritual hier an diesem Ort und zu diesem Zeitpunkt durchzuführen.

„Vertraue und tue, was zu tun ist!"

Pünktlich wie vorhergesagt kam das Gewitter mit Starkregen. Ich fing zu zweifeln an, hatte ich mich in etwas verrannt?

Viele Menschen, die ihr Kommen zugesagt hatten, entschuldigten sich, da das Wetter einfach zu extrem war.

Eine größere Gruppe von Menschen ließ sich jedoch durch das Wetter nicht abhalten und kam zum vereinbarten Treffpunkt.

Wir gingen zu unserem Ritualplatz, ich begann einleitende Worte zu sprechen, umrahmt von leiser Trommelmusik, eingehüllt in einem Duft von feinem Räucherwerk.

Die Regenschauer werden weniger!

Nachdem ich die Wesenheiten des Ortes, die Baum- und Naturwesen, die lichtvolle geistige Welt begrüßt und um Schutz und Führung gebeten hatte, verbreitete sich eine liebevolle Energie der Ruhe.

Die Regenschauer werden weniger!

Die liebevolle Energie von Mutter Erde und all den lichtvollen Helfern war deutlich spürbar.

Das anschließende Ritual mit der Bitte um Heilung, Wiederherstellung und Harmonisierung der natürlichen Ordnung für den Wald mit all seinen Bewohnern, für die Natur, für Mutter Erde mit all ihren Wesenheiten und für uns Menschen wurde durch die liebevollen, anwesenden Menschen, die uns unterstützten, und die geistige Welt getragen.

Der Regen hörte auf, die Wolken ließen Sonnenstrahlen durchkommen und es zeigte sich ein wunderschöner Regenbogen.

„Vertraue, alles ist gut!"

Wir wurden geführt!

Demut vor der Schöpfung sowie die lichtvolle Präsenz all der hilfreichen Energien waren für jeden von uns spürbar.

Es war eine Stunde des Urvertrauens, der heilenden, bedingungslosen Liebe, an diesem Ort der Heilung.

Danke an alle, die vertraut haben!

Gebet für die Heilung eines Waldortes

Dieses Gebet ist für beliebige Orte in der Natur, insbesondere aber für Waldgebiete anwendbar.

„Heilung für den Wald", Bergheim 2019

Wichtig dabei ist, dass sich die Teilnehmer auf das Geschehen einlassen, frei vom eigenen Ego, frei von Manipulation. Die positive Absicht steht im Vordergrund.

Die Erdverbundenheit und die Verbindung zur geistigen Welt jedes Einzelnen lässt diese Aussendungen unabhängig von der Anzahl der Teilnehmer Realität werden. Jeder Einzelne bewirkt hier sehr viel Positives.

Speziell die Aussendungen ganzer Gruppen sind sehr wirkungsvoll, zur Schaffung eines positiven Ergebnisses, zur Schaffung einer positiven Zukunft!

Bevor du mit dem Gebet beginnst, ist es vernünftig den Platz und auch die teilnehmenden Personen abzuräuchern, natürlich nur, sofern keine Brandgefahr besteht.

Du kannst dich mit den Elementen verbinden und die Hüter der Himmelsrichtungen rufen und dir dabei einen Kreis vorstellen, den du als Steinkreis gestalten kannst. Du kannst auch ein Herz auslegen und dieses schmücken, Blumen, Blätter, Steine eignen sich besonders gut dafür.

Wenn alle Menschen, die an dem Gebet teilnehmen, anwesend sind, sollte darauf hingewiesen werden, dass jeder in seiner Mitte, tief und fest mit Mutter Erde verwurzelt ist. Jeder lässt seine Gedanken los und konzentriert sich nur noch auf seine Absicht – Heilung für den Wald!

Wichtig ist es auch, dass die lichtvolle geistige Welt um Schutz und Führung gebeten wird, erst dann kann mit dem Gebet begonnen werden.

Die Gebete können individuell gestaltet werden, ich möchte hier nun eine Möglichkeit anführen:

Liebe Freunde, liebe Freundinnen des Waldes,
ich bitte euch nun um Hilfe, öffnet eure Herzen, damit
eure Herzensenergie unsere Bitte Heilung für den Wald
hilfreich und heilend unterstützen kann!

Ich bitte den Geist des Ortes, den Geist des Waldes, den
Geist der Tiere und Pflanzen sowie die Naturwesen um
Erlaubnis hier an diesem Ort, mit diesen liebevollen
Menschen, eine reinigende und heilende Zeremonie durch-
führen zu dürfen, um diesen Ort, diesen Wald, von all den
belastenden Energien zu befreien.

Wir laden euch ein, hier an diesem Ort, gemeinsam mit
uns Menschen, an diesem Fest der Heilung für den Wald,
Mutter Erde und die Natur teilzunehmen und uns zu
unterstützen.

Wir danken der lichtvollen geistigen Welt um Reinigung,
Lösung und Transformation all der Belastungen, die
durch uns Menschen an diesem Ort, in dieser Region, der
Natur, Mutter Erde und unserem Wald verursacht wur-
den.

Wir danken für die Heilung, Wiederherstellung und
Harmonisierung der natürlichen Ordnung zwischen
dem Wald mit all seinen Bewohnern, den Bäumen, den
Pflanzen, Pilzen, Farnen, Moosen, den Naturwesen, den
Tieren, den Insekten, den Vögeln sowie Mutter Erde, der

Natur mit all ihren Wesenheiten und uns Menschen „Zum höchsten Wohle aller"!

Wir danken, dass an diesem Ort, in diesem Land und auf Mutter Erde wieder gesunde, natürliche Wälder wachsen und gedeihen können.

In Dankbarkeit, dass Heilung geschehe!

Schutzritual

Im Anschluss kann auch noch ein kleines Schutzritual durchgeführt werden:

Dabei stellt sich mindestens eine Person in einer der vier Haupthimmelsrichtungen auf.

Von jeder Himmelsrichtung ausgehend wird eine Schutzhülle für den Wald aufgezogen. Diese Schutzhülle lässt man unter den Beinen, unterirdisch den Waldboden entlangwachsen. Am Rande des Waldes gelangt die Schutzhülle an die Erdoberfläche, man lässt sie über die Baumkronen zum Himmel emporwachsen, wo sie auch zusammengeschnürt wird.

Alles Negative prallt an der Schutzhülle ab, alles Positive kann in die Welt hinausgehen und auch aufgenommen werden.

Diese Schutzhülle kann ich natürlich auch jederzeit an mir selbst anwenden.

Ich kann, wenn ich das Gefühl habe, heute benötige ich einen besonderen Schutz, mich jederzeit in eine Schutzhülle, in eine Glocke oder auch in ein Ei stellen.

Immer dann, wenn ich an einem Ort ein Ritual bzw. ein Gebet zur Heilung durchführe, ist es wichtig, dass ich auch jene Orte mit einbeziehe, die schon Heilung erfahren haben. Wenn ich umgekehrt einen Ort kenne, der unbedingt einer Heilung bedarf, es mir aber nicht möglich ist, an diesem Ort anwesend zu sein, so kann auch hier wieder dieser Ort in die Heilung mit einbezogen werden.

Dies haben wir durchgeführt, als im Sommer 2019 die gewaltigen Brände in Australien kein Ende nehmen wollten.

Eine weitere Möglichkeit für Heilgebete kann auch wie folgt aussehen:

Ich stelle mir jene Orte, an denen ich eine Heilung durchführen möchte, in meinen positiven Gedanken so vor, wie ich es mir wünsche. Ich visualisiere dieses Bild, verankere es in mir und schicke es in das Universum.

Ich kann mich dabei auch in Worten und Sätzen bedanken.

Hier einige Beispiele dafür:

Danke an die Erde

Danke, dass du uns einen Platz gibst,
wo wir leben dürfen,
wo wir lachen und weinen dürfen,
wo wir sein dürfen und unsere Erfahrungen machen.

Danke, dass du so fruchtbar bist,
dass so viel auf dir wachsen und gedeihen darf.

Danke für die unglaubliche Vielfalt an Landschaften.

Danke für deine Schönheit.

Danke an die Luft

Danke,
dass du uns atmen lässt,
dass wir leben dürfen.

Danke für die Hülle,
die unsere Erde schützt.

Danke für den Luftkörper,
der ständig in Bewegung ist.

Danke dem Wind,
der uns Wolken bringt, wenn wir Regen brauchen,
der so viele Pollen und Samen verfliegt,
der an heißen Tagen so angenehm kühl
auf unserer Haut ist.

Danke an die Tiere

Danke für alles, was ihr uns schenkt,
dass ihr uns euer Leben schenkt,
dass ihr das Wertvollste gebt,
damit wir Nahrung haben.

Danke an die, die uns begleiten,
die treue Freunde sind und
uns ihr Vertrauen schenken.

Danke, dass ihr da seid.

Danke an die Pflanzen

Danke für den Duft und
die Schönheit eurer Blüten.

Danke für das Gefühl
durch eine taunasse Wiese zu gehen.

Danke für die Medizin, die ihr uns schenkt,
für das Räucherwerk.

Danke an die Bäume und Sträucher

Danke für eure Geschenke,
für die Früchte, die ihr uns schenkt,
die Beeren, das Obst, die Nüsse,
für die Medizin, die wir aus euch gewinnen,

für das Holz, aus dem wir Werkzeug machen,
Möbel und unsere Häuser bauen.

Danke für die reine Luft,
den kühlen Schatten,
den wir im Sommer so sehr schätzen,
für das Rauschen des Windes in euren Blättern,
für Ruhe und Kraft, die ihr uns schenkt.

Danke für eure Vielfalt und Schönheit.

Danke an Kristalle, Steine und Mineralien

Danke, dass ihr eure heilenden und
schützenden Energien für uns Menschen
zur Verfügung stellt und
wir diese auch nutzen dürfen.

Danke für eure Schönheit.

Danke an die Naturwesen

Danke, dass ihr die Bäume, Pflanzen, Steine,
das Wasser und die Luft
in unseren natürlichen Lebensräumen bewacht,
belebt und liebevoll unterstützt.

Heilung einzelner Bäume und Pflanzen

Heilung für den Wald ist eine Hilfestellung für den gesamten Lebensraum Wald.

Nach Stürmen, Unwettern, Schneedruck und durch andere Belastungen benötigen Bäume, Pflanzen, deren Äste, Wipfel und andere Pflanzenteile, die beschädigt oder gebrochen sind, unsere Hilfe.

Verletzungen sollten nicht nur im physischen, sondern auch im feinstofflichen Bereich geheilt werden, hier speziell im Bereich des Ätherkörpers.

Der Ätherkörper ist die erste Auraschicht und beinhaltet Informationen über den Bauplan des Körpers. Dies gilt auch für Mensch und Tier.

In der Matrix des Ätherkörpers sind all jene notwendigen Informationen gespeichert, wie Art, Form etc. der jeweiligen Pflanzenteile im ursprünglichen gesunden, heilen Zustand.

Der Heilungsprozess hängt von der Art, dem Grad der Verletzung und der Größe der Wunde ab.

Speziell Bäume haben besonders starke Kräfte für die Wundheilung durch die Unterstützung ihrer heilenden Baumharze, sofern noch keine Pilze eingedrungen sind.

Ich möchte daher auf die Möglichkeit der Hilfestellung und Unterstützung des Heilungsprozesses durch uns Menschen auf der energetischen Ebene, die die Wiederherstellung des Ätherkörpers bewirkt, hinweisen.

Übung:

ZUR UNTERSTÜTZUNG DES HEILUNGS-PROZESSES VON BÄUMEN

Zur Heilung der verletzten Pflanzenteile wird die Matrix, die den Bauplan des physischen Körpers im gesunden Zustand beinhaltet, in die Wunde, in die Verletzung integriert.

Gehe nun wie folgt vor:

Stelle dir zuerst die betroffene verletzte Stelle im gesunden, heilen Zustand vor!

Sende dieses Bild des „Heilseins" über dein Herz, in Form einer Danksagung an die göttliche Quelle und die lichtvollen geistigen Helfer aus!

Danke für die Heilung aller Wunden des physischen Körpers und des Ätherkörpers!

Danke für die Gesundheit des Baumes, der Pflanzenteile in ihrer ursprünglichen Form, im Sinne der göttlichen Ordnung, zum höchsten Wohle aller!

Durch diese liebevolle Arbeit mit Hilfe der geistigen Welt können wir Bäume und Pflanzen hilfreich in ihrem Heilungsprozess unterstützen.

In der geistigen Heilung, bei Heilarbeiten an Mensch und Tier kann diese Arbeit in ähnlicher Form erfolgen.

Bäume – eine Verbindung für das Leben

ERDHEILUNG – Energetische Belastungen von Grundstücken

Nach den Informationen über die Wälder, die Bäume, deren Bewohner und die verschiedenen Möglichkeiten diese zu unterstützen, möchten wir nun noch Anleitungen für ganz spezielle Situationen, die im täglichen Leben für uns Menschen und unsere natürliche Umgebung hilfreich sind, an dich weitergeben.

Eine solche Möglichkeit, wo wir für uns und unsere Umwelt positiv einwirken können, ist eine achtsame Vorgehensweise beim An- und Verkauf von Grundstücken sowie bei Schaffung von Gebäuden für Wohn- und Betriebszwecke, da wir hier oftmals massiv in die Natur eingreifen.

Wenn man ein Grundstück erwirbt, so gibt es meist verschiedene persönliche Kriterien, die man zur Kaufentscheidung heranzieht. Vorrangig sind oft die Lage, der Kaufpreis, die vorherrschende Infrastruktur und meine persönlichen Vorstellungen wie z. B. eine besonders schöne Lage mit großem Erholungswert.

Natürlich spielen auch die geologischen Verhältnisse, also die Bodenbeschaffenheit, eventuelles Hangwasser und eine damit verbundene Rutschgefährdung bei der Auswahl etc. eine Rolle.

Immer größere Bedeutung finden aber auch geomantische Störzonen, wie Wasseradern, Kreuzungen, Erdverwerfungen und sonstige Strahlungsquellen, die unsere Gesundheit schädigen und somit unsere Lebens- und Wohnqualität belasten können.

Eine Grundstücksuntersuchung durch einen erfahrenen Geomanten ist daher sehr zu empfehlen, da er im Vorfeld Strahlungsquellen finden und testen kann. Somit kann bei der Errichtung eines Eigenheimes bzw. eines Betriebsgebäudes auf mögliche diesbezügliche Störfaktoren bereits Einfluss genommen werden.

Beim Erwerb eines Grundstücks und den meist damit verbundenen Bauvorhaben handelt es sich auch um einen Eingriff in den natürlichen Lebensraum vieler Lebewesen auf verschiedenen Ebenen.

Stellen Sie sich einmal vor, Sie kaufen sich ein schönes bebaubares Grundstück. Dieses Grundstück befindet sich in einer ländlichen Gemeinde, in einer ruhigen Lage am Waldrand.

Die Bebauung betrifft nicht nur die Pflanzenwelt, die sich im Laufe der Jahre entwickelt hat, sie betrifft auch die Tierwelt, also den Lebensraum vieler Wildtiere, Vögel, Insekten und verschiedener Bodenlebewesen. Dies ist für uns Menschen alles nachvollziehbar.

Geht man mit seinen Gedanken jedoch weiter, so können auf diesem Grundstück noch viele weitere Wesen präsent sein, verschiedene Naturwesen könnten von dem Eingriff betroffen sein.

Für die Naturwesen ist dieses Grundstück Teil ihres natürlichen Lebensraums. Es ist daher wichtig mit diesen Wesen – auch in unsichtbarer Weise – in Kontakt zu treten. Es soll ihnen die nötige Wertschätzung gegeben werden, mit der Bitte hier einen gemeinsamen Lebensraum planen und errichten zu dürfen. Die Einwände und Wünsche der feinstofflichen Mitbewohner, der Naturwesen, sollten dabei berücksichtigt werden. Es werden dadurch viele negative Auswirkungen von Bauvorhaben im Vorhinein vermieden. Durch die achtsame Planung wird eine gemeinsame Basis für das Zusammenleben von Mensch und Natur geschaffen. Man sieht und fühlt die positive Ausstrahlung dieser Orte, an denen Menschen liebevoll mit ihren Mitbewohnern, den Bäumen, Pflanzen, Tieren und auch den Naturwesen in Einklang und Harmonie leben. Daher ist die Kommunikation mit den dort lebenden Naturwesen sehr wichtig.

Wir kommunizieren und übermitteln ihnen, dass liebevolle Menschen auf diesem Grundstück bauen und wohnen möchten. Diese Menschen beabsichtigen einen gemeinsamen Lebensraum, sowohl für sich als auch für die Naturwesen, zu schaffen. Es werden liebevoll gestaltete, natürliche Plätze bepflanzt und diese in Wertschätzung für die feinstofflichen Mitbewohner errichtet. Immer mehr Menschen sind bereit solche Plätze in ihrem Wohnbereich, Gewerbebereich oder an sonstigen Orten zu erschaffen.

In skandinavischen Ländern ist dieses Wissen bei der Planung von Bauvorhaben auch im öffentlichen Bereich völlig normal. Es gibt hier Sachverständige, die für den Bereich der Naturwesen zuständig sind, welche die Einwände, Erwartungshaltungen und Wünsche unserer feinstofflichen Mitbewohner berücksichtigen.

Es werden dadurch viele negative Auswirkungen von Bauvorhaben im Vorhinein vermieden. Durch diese achtsame Planung wird eine gemeinsame Basis für das Zusammenleben von Menschen, Pflanzen und Naturwesen geschaffen. Man sieht und fühlt die positive Ausstrahlung dieser Orte, an denen Menschen liebevoll mit ihren Mitbewohnern, den Pflanzen, Bäumen und Naturwesen in Harmonie leben.

Liebe/r Leser/in bedanken Sie sich bei den Pflanzen und Naturwesen in Ihrem Garten, in der Natur, in Ihrem Wohnbereich, dort wo liebevolle, positive Plätze sind. Lassen Sie diese Ihre Liebe und Wertschätzung spüren.

Sollten Sie aber Plätze in Ihrem Wohnbereich oder Garten haben, die sich nicht positiv anfühlen, an denen unangenehme Gefühle hochkommen, so bitten Sie um Auflösung der belastenden Energien und Ursachen. Bitten Sie die dort anwesenden Naturwesen um Vergebung, wenn diese durch verschiedene Maßnahmen und Aussendungen in ihrem Lebensraum gestört wurden. Geben Sie ihnen Wertschätzung und bitten Sie um ein harmonisches Miteinander. Bepflanzen Sie Plätze mit liebevollen Absichten und Aussendungen.

Es geht um Wertschätzung, bodenschonende Verfahren, Artenvielfalt, den ursprünglichen Gedanken an Nachhaltigkeit und den Gedanken, dass wir Teil des Ganzen sind und unsere Handlungen Auswirkungen auf alle Lebewesen unseres Planeten haben.

Der Faktor Zeit ist für die Natur nicht wirklich relevant, für uns Menschen jedoch sehr!

Dies sind einige Anregungen und Empfehlungen, um unseren natürlichen Lebensbereich positiv zu gestalten, sowie ein friedliches, harmonisches Zusammenleben mit unseren feinstofflichen Nachbarn, den Naturwesen, zu führen. Außer der Wertschätzung gegenüber der Natur gibt es aber auch noch andere Dinge zu beachten.

Reinigung und Schutz von Grundstücken

Alte Belastungen, die möglicherweise schon lange auf einem Grundstück haften, sollten ebenfalls berücksichtigt werden.

Ursachen für mögliche Belastungen können sehr vielfältig sein. Es kann sich um Nachbarschaftsstreitigkeiten der Vorbesitzer handeln, diese sind oft mit Neid und ähnlichen negativen Energien verbunden, welche das Grundstück belasten. Alte Familienbelastungen, bei denen Ungerechtigkeiten im Familiensystem geschehen sind, können hier ebenfalls ihren Ursprung haben.

Dies sind nur einige Möglichkeiten von belastenden Energien, die an vielen Grundstücken haften. Wichtig ist es, diese zu erkennen, um sie dann energetisch aufzulösen.

Weitere Energien, die Grundstücke, Häuser, Wohnungen und somit auch ihre Bewohner belasten, können erdgebundene Seelen sein. Es sind dies verstorbene Menschen, die aus unterschiedlichsten Gründen an den Orten noch präsent sind.

Sie schaffen es nicht, ohne fremde Hilfe die irdische Welt zu verlassen.

Diesen Seelen kann durch die lichtvolle, geistige Welt und ihre Ahnen und Ahninnen geholfen werden.

Es gibt auch Berichte von Orten, Gebäuden, die solch ungewöhnliche Phänomene beschreiben.

Eine Reinigung darf nur mit Einverständnis des Besitzers oder der Besitzer durchgeführt werden!

Jeder, der mit der Materie und mit dem Grundwissen von Räucherungen vertraut ist, kann eine Reinigungsräucherung durchführen. Wichtig dabei ist, dass man frei von seinem Ego und frei von Manipulation ist.

Ich bin mir meiner Absicht völlig bewusst, bin in meiner Konzentration auf mein Vorhaben fokussiert, verwurzle mich tief und fest mit Mutter Erde und bitte die geistige Welt um Schutz und Führung.

Ich möchte aber sehr wohl darauf hinweisen, dass die Schwierigkeit darin besteht, dass man wirklich nur auf sein Vorhaben konzentriert ist, nämlich dieses Grundstück zu reinigen und von allen Belastungen zu befreien. Wobei man sagen muss, dass durch eine Räucherung zwar eine Reinigung erfolgt, diese jedoch nur die oberflächlichen Belastungen erfassen kann. Tiefer liegende und schwerere Belastungen bedürfen einer energetischen Reinigung durch Fachleute.

Mit Hilfe eines Pendels oder Tensors werden jene Energien gesucht, die dieses Grundstück belasten. Dies können alte, aber auch aktuelle Energien sein, die hier gespeichert sind. Mit Hilfe der geistigen Welt ist es möglich diese Energien aufzuspüren, zu erkennen und aufzulösen, dabei ist es meist sehr hilfreich, wenn Grundbesitzer oder -besitzerin anwesend sind, sofern er oder sie offen für diese Materie ist.

Durch die Errichtung einer Lichtsäule können sehr oft negative Energien aufgelöst und transformiert werden.

Wir kennen alle die Macht unserer Gedanken, daher ist es immer ausgesprochen wichtig, dass man sehr genau und präzise die richtigen Worte spricht.

Die Kraft unserer Gedanken und die damit verbundene Aussendung sind sehr wirkungsvolle Instrumente zur positiven, harmonisierenden Veränderung unseres Lebensraums, der Natur, der Wälder und von Mutter Erde, die wir jetzt nutzen dürfen!

Es ist notwendig, unseren Anteil zur positiven Wende unserer Zeit beizutragen.

Es gibt aber noch andere Möglichkeiten, wie du in der nächsten Zeit die Natur, Mutter Erde und die Menschen unterstützen kannst.

Es ist die Schaffung lichtvoller Orte und Plätze! Was kann man sich darunter vorstellen und wie sollte das funktionieren?

Stell dir einmal die Erde oder das Land vor, dort wo du lebst. Stell dir viele lichtvolle Orte und Plätze vor, so wie leuchtende Sterne am Himmel. Diese Orte sind von Menschen erschaffene lichtvolle Inseln oder Oasen. Gemeinsam erschaffen wir diese, durch die Hilfe aus der geistigen Welt, in Zusammenarbeit mit Naturwesen und all den lichtvollen Helfern.

Je mehr lichtvolle Orte wir erschaffen, desto dichter und wirkungsvoller wird dieses Netzwerk des Lichtes und umso positiver seine Wirkung und Ausstrahlung.

Es ist wie ein Puzzle, dessen gesamtes Bild immer mehr Gestalt und Wirkung annimmt, mit jedem neuen Teil, den wir dazugeben. Es ist jedoch die Aufgabe von uns Menschen dieses Projekt durchzuführen und diese lichtvollen Orte zu erschaffen und sie miteinander zu verbinden. Es ist ein heilsames Netzwerk, durch welches viele alte Wunden, die wir Menschen über Jahrtausende Mutter Erde und der Natur zugefügt haben, wieder geheilt werden dürfen.

Es ist unsere Aufgabe dieses gemeinsame Netzwerk des Lichts zu erschaffen, in Zusammenarbeit mit vielen lichtvollen Helfern und den Naturwesen, die gerne dazu bereit sind, wenn wir sie darum bitten.

Jeder sollte nach seiner Intuition und Erfahrung in Verbindung mit seiner geistigen Führung sowie all den lichtvollen Helfern, die er dazu einlädt, über sein Herz dieses Vorhaben aussenden und durchführen.

Ich möchte dir dazu einige Hilfestellungen aus meiner persönlichen Erfahrung mitgeben.

Es können Plätze in Wäldern, in der Natur, aber auch Orte, wo sich Menschen versammeln, ausgewählt werden. Auch in deinem persönlichen Lebensbereich kannst du solche Plätze errichten. Diese können im Laufe deiner Arbeiten energetisch wachsen. Bedanke dich bei den geistigen Wesen, dass sie dir die Besonderheiten dieser Orte und eventuell damit verbundene Aufgaben zeigen können.

Danke ihnen, dass sie dir bei der Erschaffung dieses lichtvollen Ortes helfen. Vertraue ihnen, wenn sie dich unterstützen, sie wissen, was dieser Ort benötigt.

Es dürfen alte Belastungen, die an diesem Ort vorhanden sind, geheilt werden.

Manchmal werden dir nicht bewusste Zusammenhänge auf der feinstofflichen Ebene und deren Wesenheiten gezeigt, die dir weitere Klarheit bringen.

Ein solches Beispiel wäre ein Heilplatz im Wald. Wenn du einen lichtvollen Platz, der von alten Bäumen umgeben ist, gefunden hast, gehe wie folgt vor:

Erschaffung eines lichtvollen Ortes

Dies ist besonders dafür geeignet, wenn ich mir im Wald, im Garten oder sonst an einem Ort, an dem ich mich gerne aufhalte, einen für mich besonderen, lichtvollen Ort erschaffen möchte. Es ist dies ein Platz, den ich kenne und an dem ich mich wohlfühle.

Ich erschaffe mir meinen ganz persönlichen Meditations- und Heilplatz.

Ich bitte die anwesenden Naturwesen, den Geist des Ortes, der Bäume und Pflanzen, sowie den Geist der Tiere, mich bei meinem Vorhaben zu unterstützen.

Bringe ihnen deine Wertschätzung und deinen Dank für ihre Arbeit entgegen!

Stelle dir immer dabei vor, als wäre es bereits geschehen, sende positive Bilder in das Universum, manifestiere sie, dann wird aus der *Bitte* ein bereits geschehenes *Danke*, welches der heutigen Zeit und deren Schwingung entspricht.

Formuliere:
Danke, dass ich hier einen lichtvollen Platz der Heilung zum höchsten Wohle aller erschaffen darf!

Danke für Schutz und Führung!

Danke an alle lichtvollen geistigen Helfer für die Auflösung und Transformation aller belastenden Energien, Informationen und Wesenheiten hier an diesem Ort!

Danke für die Erlösung aller erdgebundenen Seelen, die sich hier aufhalten!

Danke, dass ich hier an diesem Platz Ruhe und Frieden finde!

Danke, dass ich frei von meinem Ego und frei von Manipulation bin!

Danke, dass ich die Heilenergie des Ortes spüren und in mir aufnehmen kann!

Danke für die Heilung, Wiederherstellung und Harmonisierung der natürlichen Ordnung der Natur, der Wälder, von Mutter Erde mit all ihren Wesenheiten und den Menschen!

Stelle dir die Bilder vor und sende sie in das Universum, verankere sie auch fest in deinem Herzen.

Es können hier natürlich individuelle Dankessätze formuliert werden.

Danke anschließend der lichtvollen geistigen Welt für diesen Ort der Heilung und des Lichts!

Verbinde diesen Ort gedanklich mit all den anderen lichtvollen Orten und stell dir dies in Form eines Bildes vor, welches du wieder in das Universum schickst!

Danke für die Integration dieses lichtvollen Ortes in das Netzwerk des Lichts!

Je nach Intuition können lichtvolle Plätze auch in Parks oder an Plätzen in der Natur geschaffen werden, die eine Basis für einen natürlichen Lebensraum der Naturwesen bieten.

Verbinde dich mit dem Waldort und spüre über dein Herz, wie sich dieser Ort anfühlt!

Mein persönlicher Schutzbaum, mein Schutzbaumkreis

Es gibt eine uralte Symbiose zwischen Mensch und Baum.

Sich an diese wieder zu erinnern und diese alte Verbindung mit den Bäumen wieder einzugehen ist für uns Menschen sehr hilfreich. Wir dürfen dabei diese hilfreichen und schützenden Energien der Bäume nutzen, denn Bäume sind unsere Freunde!

Viele Menschen verspüren gerade in der heutigen Zeit viele Ängste.

Der alte Spruch *Angst essen Seele auf* bedeutet durch diese Angst nicht mehr in seiner Mitte zu sein. Man ist abgeschnitten von der Verbindung zu Mutter Erde, von seiner Kraft und auch von Gott.

Du kannst ganz spezielle Bäume suchen und finden, um wieder in deine Mitte zu kommen, und dabei um den speziellen Schutz deines Baumes, deiner Bäume bitten.

Wenn du bereits etwas Erfahrung und Übung in der Verbindung, in der Kommunikation mit den Bäumen hast, Anleitungen und Übungen dazu findest du in den beiden Büchern *Waldbaden* und *Naturverbunden leben*, besteht die Möglichkeit, dir deinen persönlichen Schutzbaum zu suchen!

Es sind dies meist stärkere, ältere Bäume. Diese Bäume schützen dich, wenn du sie darum bittest! Bitte zuerst, dass du diese Bäume finden darfst. Stelle sie dir vor. Frage nach ihnen.

Frage nach ihren Eigenschaften. Zur Unterstützung kannst du ein Pendel oder einen Tensor verwenden.

Wenn du eine Antwort bekommen und deinen Schutzbaum, deine Schutzbäume gefunden hast, so bitte, dass sie ab jetzt und in Zukunft für deinen Schutz sorgen.

Bäume haben eine sehr geerdete Energie und helfen dir daher in Verbindung zu Mutter Erde deinen Schutz aufzubauen und im täglichen Leben zu integrieren und manifestieren.

Überprüfe von Zeit zu Zeit, ob diese Verbindung noch vorhanden ist, bzw. bitte um Wiederherstellung dieser Verbindung!

Übung: **MEIN SCHUTZBAUM**

Suche dir deinen Baum, deinen persönlichen Schutzbaum!

Bitte ihn um Hilfe und um seinen Schutz vor negativen Energien für dich, wenn du ihn benötigst!

Wenn du am Morgen oder auch im Alltag das Gefühl hast, dass du diesen energetischen Schutz jetzt benötigst, so rufe deinen Schutzbaum zu Hilfe und bitte ihn um seinen Schutz!

Stelle dir vor, du bist im Inneren deines Baumes, d. h. dein Baum ist um dich herum und bietet dir daher seinen Schutz!

Über dir ist seine schützende Krone, die dir ebenfalls Schutz bietet.

Wenn du den Baum um seinen Schutz gebeten hast und dir diesen Schutz auch in Gedanken visualisiert hast, so ist er wirksam!

Bitte nun den Geist des Baumes um eine Erweiterung deines Horizonts, durch Schaffung von Klarheit!
Stelle dir dabei die Verbindung mit dem Baum vor, ein gemeinsames Energiefeld zwischen Mensch und Baum!

Diese Verbindung erzeugt Klarheit, so wie eine Erhöhung der Stabilität deines eigenen Energiefeldes zu deinem Schutz!

Bedanke dich im Anschluss bei deinem Baum für seinen Schutz!

ENERGETISCHER SCHUTZBAUMKREIS

Bitte deinen ganz persönlichen Schutzengel um Hilfe bei der Errichtung eines Schutzkreises für dein Grundstück mit folgenden Worten:

Ich bitte jene fünf Baumwesen um Hilfe, die mir bei der Errichtung eines Schutzkreises für mein Grundstück, mein Haus, meine Wohnung helfen können!

Ich bitte um Schutz vor allen negativen Energien, Wesenheiten und Einflüssen durch die fünf Baumwesen:

Ich bitte die Zeder, dass sie über mein Grundstück wache und dieses von oben beschütze!

Ich bitte den Ahorn, dass er im Süden über mein Grundstück wache und dieses beschütze!

Analog dazu: Apfelbaum – Osten, Holunder – Westen, Eberesche – Norden

Führe dir dein Grundstück so vor Augen, dass jeweils in der Mitte der Grundstücksgrenzen einer der angeführten Bäume in der dazugehörigen Himmelsrichtung platziert wird.

Der fünfte Baum, in unserem Fall die Zeder, wird oberhalb deines Anwesens als Schutz von oben platziert.

Diese fünf Baumarten sind nicht als allgemeine Empfehlung zu sehen, sondern sollten dem jeweiligen Standort und der jeweiligen Situation angepasst werden.

Bitte daher um die für dich bestmöglich geeigneten Baumwesen.

Stelle es dir vor und manifestiere es.

Bedanke dich anschließend für den Schutz bei deinem Schutzengel, deiner geistigen Führung und den Baumwesen.

Der Schutz ist eine Hilfestellung für jene Menschen, die den Bäumen ihre Wertschätzung entgegenbringen.

Er ist ein Geschenk an uns Menschen.

Verschiedene Wahrnehmungen – verschiedene Realitäten!

Versuche dir Folgendes vorzustellen: Du gehst durch den Wald, durch die Natur und nimmst über deine Sinne, über dein Sehen, Hören, Fühlen und Riechen, verschiedene Dinge wahr, die außerhalb der normalen menschlichen Realität sind. Du spürst Berührungen, fremde Emotionen, bekommst Informationen, Bilder in Form von Gedanken, welche so für die meisten Menschen nicht wahrnehmbar sind. Das alles fühlt sich für dich jedoch normal an, da du Erfahrung mit diesen Wahrnehmungen hast und ihnen vertraust. Du kannst durch deine Fähigkeiten zwischen deinen eigenen Wahrnehmungen und Manipulationen von außen und deinem Ego unterscheiden und hast durch sie Kontakt zu verschiedenen feinstofflichen Wesen, Energien und Informationen, die außerhalb unserer täglichen Realität liegen. Nur weil viele Menschen keinen bewussten Zugang zu diesen Realitäten haben, heißt das nicht, dass es diese Dinge nicht gibt.

Verschiedene Beispiele aus dem Tierreich, die wir alle kennen, akzeptieren wir, ohne sie anzuzweifeln: Die Schreie der Fledermäuse sind in einem Frequenzbereich, der außerhalb des normalen menschlichen Hörbereichs ist.

Hunde haben einen Geruchssinn, der wesentlich feiner ausgebildet ist, als bei uns Menschen. Sie können sogar verschiedene Krankheiten, Stoffe und Informationen, die in kaum messbaren Werten in der Luft vorhanden sind, wahrnehmen. In der Praxis werden Hunde mit ihrem hochsensiblen Geruchssinn zum Auffinden verschiedener Schädlinge ausgebildet. Über ihr spezielles Gehör können sie Töne und Laute wahrnehmen, die mit unserem menschlichen Ohr nicht wahrnehmbar sind.

Katzen nehmen feinste Energien wahr und reagieren sehr sensibel auf die Anwesenheit von feinstofflichen Wesen und Verstorbenen. Manche Tiere übernehmen sogar die Energie der Krankheit ihrer Besitzer.

Diese Beobachtungen im Tierreich wurden bereits von vielen Menschen gemacht und sind allgemein akzeptiert. Wenn wir Menschen jedoch über solche Fähigkeiten verfügen, werden sie ins Reich der Fantasie abgetan.

Im Laufe meiner Tätigkeit durfte ich viele sogenannte ganz normale Menschen kennenlernen, die solche Fähigkeiten haben, sich jedoch nicht trauen über sie öffentlich zu sprechen, da sie Angst haben als Spinner dazustehen. Ich kann mich an jenen Forstarbeiter erinnern, der speziell in seiner Jugend Verstorbene wahrnehmen und sehen konnte. Da er mit niemandem darüber sprechen konnte, hatte er Angst vor dieser Gabe und verdrängte sie, bis diese verschwand.

Hochsensible Kinder haben derartige Fähigkeiten sehr oft. Sie dürfen sie behalten, wenn man ihnen diese erklärt und ihnen die Angst davor nimmt.

Wenn diese Fähigkeiten dann noch regelmäßig trainiert werden, sodass die Wahrnehmungen und Informationen klar zugeordnet und ihnen vertraut werden kann, so werden sie Teil der eigenen Realität. Sie sind hilfreich für Arbeiten im Bereich der geistigen, feinstofflichen Welt. Der Zugang in diese Welt findet über das Sehen, Hören, Fühlen und Riechen statt.

Ein Spitzensportler mit besonderen Veranlagungen muss diese ebenfalls trainieren, wenn er bestimmte Leistungen abrufen möchte.

Es ist mir daher ein Bedürfnis dieses Thema der Wahrnehmungen in der feinstofflichen Welt, welches Teil dieses Buches ist, zum näheren Verständnis hier in nachvollziehbarer Weise dem Leser näherzubringen.

Lieber Leser/in, stell dir einmal vor, dass es außerhalb unserer alltäglichen Realität viele feinstoffliche Wesen in der Natur gibt, die diese natürlichen Lebensräume bewohnen. **Es sind dies die Naturwesen.**

Bäume sind nicht nur Holz, welches Sauerstoff und Zellulose produziert.

Baumwesen beleben diese wunderbaren pflanzlichen Riesen.

Pflanzendevas, welche in den verschiedenen Pflanzen wohnen, sind für die vielen positiven und heilenden Eigenschaften der Pflanzen zuständig.

Diese Naturwesen bewohnen naturbelassene Orte und Plätze, in den noch verbliebenen natürlichen Lebensräumen an Land, im Wasser und in der Luft.

In ihrem Bewusstsein ist die Natur ein Lebensraum für alle Lebewesen, da wir ja alle Teil des Ganzen und dadurch miteinander verbunden sind.

Diese Welt gehört für viele Menschen in das Reich der Fantasie und existiert nicht in ihrer Realität.

Wahrnehmung und Kommunikation mit Naturwesen

Wie kann man sich diese Wahrnehmungen, die Verbindung, die Kommunikation mit der feinstofflichen Welt vorstellen, eine Verbindung, die wir im täglichen Leben weder bewusst sehen noch wahrnehmen können, eine Verbindung, die unser rationaler Verstand ablehnt.

Hier muss man zuerst verstehen, dass es verschiedene Arten und Zugänge der Wahrnehmung gibt. Wir sind es gewohnt diese Welt über unser *Sehen* in Form von Bildern, die wir über unsere Augen, über unser Gehirn übermittelt bekommen, wahrzunehmen.

Viele Menschen mit medialer Begabung nehmen jedoch die Verbindung mit der feinstofflichen Welt über das Fühlen war. Über das Fühlen ist die Verbindung zu den Naturwesen sehr gut und manchmal intensiv wahrnehmbar.

Manche Menschen kommunizieren über Bilder, die sie von diesen Wesen übermittelt bekommen. Wir müssen dann diese Informationen zulassen und für unseren rationalen Verstand übersetzen, da diese nicht unserem normalen Wissen, der sogenannten täglichen Realität entsprechen. Reine Bilder sind oft schwierig zu interpretieren und laufen Gefahr durch eigene Manipulation falsch oder nur teilweise richtig interpretiert zu werden.

Zusätzliche Informationen über unsere Gedanken, in Form von plötzlichem Wissen (Geistesblitz, Eingebung), sogenannten Informationsblöcken, Worten oder Sätzen, die uns berühren und nicht aus unserem rationalen Verstand kommen, sind als Ergänzung zu den oben erwähnten Verbindungen sehr hilfreich. Zu diesen Informationen können Fragen gestellt werden, damit Klarheit über diese Botschaften herrscht.

Ich persönlich bitte immer um jene Informationen in für mich verständlicher Form, in Wahrheit und Klarheit, frei von Manipulation!

Mein persönlicher Zugang ist wie schon erwähnt der Zugang des Fühlens, in dem ich Informationen über meinen Körper wahrnehme. Es ist wie eine Sprache, die mein Körper im Lauf der Zeit entwickelt hat. Ich habe gelernt die verschiedenen Berührungen, Empfindungen den verschiedenen Körperstellen zuzuordnen und zu verstehen. Unterstützend verwende ich manchmal kinesiologische Hilfsmittel wie Pendel oder Tensor.

Je nach Situation kommuniziere ich auch über Gedanken mit diesen Wesen, um Fragen zu beantworten oder Unklarheiten zu bereinigen. Manchmal, wenn es notwendig ist, bekomme ich auch Bilder zu den verschiedenen Themen.

Für viele Menschen zeigt sich diese feinstoffliche Welt mit ihren Wesen in der Natur über ganz einfache Dinge, z. B. wenn man in Achtsamkeit und Ruhe durch den Wald geht. Es sind dies oft Dinge, die unsere plötzliche Aufmerksamkeit erregen, sodass unser Fokus, unsere Wahrnehmung auf sie gelenkt und hingeführt wird, über Geräusche, Gefühle oder sonstige plötzlich auftretende Ereignisse. Empfindungen wie kalter Schauer, momentane Berührungen aus dem Nichts können Zeichen dafür sein.

Feinstoffliche Verunreinigung durch unsere Gedanken

Wenn man sich näher mit dem Leben und den Wahrnehmungen der Naturwesen beschäftigt, dann wird einem auch bewusst, welche Auswirkungen viele unserer Gedanken und der unbewusste Gedankenmüll, den wir aussenden, auf unsere Umgebung und uns Menschen haben. Man kann diese permanenten Aussendungen als gedanklichfeinstoffliche Umweltverschmutzung bezeichnen.

Stell dir einmal einen Raum vor, wo heftig gestritten wird, sozusagen dicke Luft ist. Stell dir anschließend diesen Raum vor, wenn positive Musik, wunderbare Klänge den Raum erfüllen. Ich glaube, hier braucht es nicht sehr viel Fantasie, um zu erahnen, welche Auswirkungen diese Varianten auf den jeweiligen Raum und den Menschen in diesem Raum haben.

Achtsamkeit und die Bitte sorgsam mit unseren Gedanken und Aussendungen umzugehen, sind eine Übung, die letztendlich uns allen und unserer Umgebung zu Gute kommt.

Das bewusste Ausleiten von negativen Gedanken, Sorgen und Belastungen über verschiedene Bäume mit der Bitte um Transformation durch die geistige Welt, so wie es in den beiden ersten Büchern beschrieben wird, ist eine Möglichkeit diese zu entfernen.

Dabei wird die Umgebung nicht belastet, da unsere Bitte um Entsorgung (Transformation) dieser Energien eine reinigende Wirkung hat.

Eine positive Arbeit im Sinne von Umwelthygiene wäre, solch belastete Plätze, sofern wir diese wahrnehmen, energetisch bewusst zu reinigen, so wie wir Räume in unserem Haus energetisch reinigen dürfen.

Durch diese Informationen und viele andere Begebenheiten im Laufe unserer Tätigkeit wurde uns immer mehr bewusst, wie sehr wir diesen Wesen durch unser unbewusstes Handeln und Denken schaden. Wir verursachen dadurch in ihrer Welt ein ähnliches Chaos, wie es auf unserer bewussten Ebene herrscht.

Der Mensch glaubt jedoch, dass er die natürlichen Lebensräume für sich allein nutzen und zu wirtschaftlichen Zwecken ausbeuten kann. Dies hat zur Folge, dass wir nicht nur unseren eigenen natürlichen Lebensraum, den vieler Pflanzen, Bäume und Tiere, sondern auch den Lebensraum der Naturwesen, unserer unsichtbaren Nachbarn, zerstören.

Naturwald, Heimat vieler Naturwesen

Heimat vieler Naturwesen

Beobachte die vielen menschlichen Eingriffe, die baulichen Maßnahmen in deiner Heimatregion, die in den letzten Jahren eine Zerstörung der natürlichen Lebensräume verursacht haben. Viele Naturlandschaften und Wälder wurden zum Teil in Bauland umgewidmet, asphaltiert oder einer sonstigen wirtschaftlichen Nutzung zugeführt. Jeder von uns kann beobachten, wie wir Menschen unseren natürlichen Lebensraum zerstören und reduzieren. Dies nicht nur auf der Ebene der Industriebetriebe, Gewerbebetriebe und im Straßenbau. Viele Menschen verursachen unbewusst oder aus Bequemlichkeit in ihrem eigenen Lebens- und Wohnbereich eine Zerstörung ihrer natürlichen Umgebung.

Vor einigen Jahren errichtete ich einen Heilplatz im Wald. Die Naturwesen wurden um Erlaubnis und um liebevolle Hilfe und Unterstützung an diesem Ort gebeten. Dieser Heilplatz durfte energetisch durch die Hilfe der feinstofflichen Mitbewohner sehr positiv wachsen. Eines Tages, als ich wieder zu diesem Heilplatz kam, musste ich feststellen, dass der Grundbesitzer einige der alten Bäume an diesem Platz gefällt hatte. Rechtlich gab es keinerlei Einwände, da dies sein Grund und Boden war. Dieser Eingriff wurde ohne böse Absicht vom Besitzer durchgeführt. Ein unbewusster Akt, mit all seinen Auswirkungen auf diesen Ort. Energetisch wurde dieser Platz vollkommen zerstört. Ich hatte den Eindruck, dass die Naturwesen regelrecht sauer auf uns Menschen waren, da sie den Akt der Zerstörung nicht verstehen konnten. Sie konnten nicht nachvollziehen, dass Menschen derart schöne Plätze, mit solch einer positiven Energie niedermähen und die alten Bäume, die Hüter des Platzes, fällen. Die Energie dieses Platzes war nun chaotisch und alles andere als positiv.

Es herrschte jedoch ein dringender Handlungs- und Erklärungsbedarf gegenüber den feinstofflichen Bewohnern dieses Ortes. Gemeinsam mussten wir den Naturwesen erklären, dass wir Menschen diese Arbeiten meist unbewusst, ohne böse Absicht, aus wirtschaftlichen Überlegungen durchführen. Wir baten die Naturwesen um Geduld mit uns Menschen.

Das bedeutet jedoch nicht, dass wir keine Bäume mehr fällen und nutzen dürfen. Holz ist ein natürlicher Baustoff, der uns Menschen guttut. Was wir beachten müssen, ist die Art und Weise, wie wir dies tun, wo wir dies tun, und die Wertschätzung gegenüber den Bäumen.

Vor diesen Eingriffen sollten wir uns also folgende Fragen stellen: *Wo und wie ist es uns erlaubt diese Eingriffe und Nutzungen durchzuführen und in Dankbarkeit für diese Geschenke zurückzugeben?*

Die Anzahl der Menschen, die bewusst und achtsam mit der Natur umgehen, werden zwar immer mehr, Unbewusstheit und rein finanzielle Interessen beherrschen jedoch noch immer das Denken vieler.

Die Naturwesen

Ich lade dich nun ein mich auf einer Reise, auf einer faszinierenden und geheimnisvollen Reise in das Reich der Naturwesen zu begleiten.

Es gibt unzählige Bücher über Naturwesen, die genau und präzise die einzelnen Wesen erklären, die ihr Aussehen, ihre Herkunft, ihre Aufgaben, ihre Besonderheiten beschreiben.

Ich möchte jedoch jene Menschen ansprechen, die noch relativ unbedarft, vielleicht auch skeptisch gegenüber dieser neuen Welt, dieser geheimnisvollen Welt sind.

Ich möchte eine Tür, ein Tor öffnen, durch das du hindurchschauen kannst, vielleicht nur einen kleinen Spalt, vielleicht wagt aber auch der eine oder andere einen Schritt über die Schwelle, hinein in die Anderswelt. Wer weiß!

Warum es mir wichtig ist, auf diese Welt aufmerksam zu machen, ist ganz einfach.

Durch unser Streben nach immer mehr Fortschritt und Technik, nach immer höher, schneller, besser, haben wir scheinbar vergessen, dass wir nicht die einzigen Lebewesen hier auf diesem Planeten sind.

Es gibt sie aber, diese unsichtbaren Wesen, nur weil wir sie mit unseren Sinnen nicht wahrnehmen, nicht sehen, hören, riechen, spüren können, heißt das nicht, dass es sie nicht gibt.

Es ist eine faszinierende Welt, glaube mir, wenn du sie erst einmal ein wenig kennengelernt und zu spüren bekommen hast, wirst du selber fasziniert sein.

Die Leichtigkeit und Freude, die in diesen Wesen steckt, die sind sie.

Ja genau, so kann man sie beschreiben.

Sie sind Leichtigkeit und Freude.

Die Naturwesen sind Leichtigkeit und Freude.

Naturwesen

Eine Welt – verschiedene Wahrnehmungen

Wer sind nun diese Naturwesen?

So wie es verschiedene Gruppen von allen wahrnehmbaren Lebewesen gibt, so gibt es auch unterschiedliche Gruppen im Bereich der Naturwesen, es sind Elfen, Gnome, Zwerge, Baum- und Pflanzenwesen, um nur einige wenige zu nennen.

Diese Wesenheiten, leben parallel zu uns, in unserer gemeinsamen Welt.

Das Zusammenleben dieser zwei Welten hat Millionen von Jahren gut funktioniert. Bewusst, aber auch unbewusst haben wir mit ihnen und sie mit uns in Einklang und Harmonie gelebt. Wir sind uns sozusagen nicht in die *Quere* gekommen.

Was hat sich verändert?
Was ist passiert?

Das Miteinander hat bis zu jenem Zeitpunkt funktioniert, als der Mensch begann sich nicht mehr als Teil der Natur zu sehen. Durch dieses neue Bewusstsein begann er die Natur auszubeuten, in das Reich der Naturwesen einzudringen, es in Besitz zu nehmen und somit ihren Lebensraum zu zerstören.

Jetzt ist genau jene Zeit angebrochen, wo nicht mehr nur die Natur um Hilfe schreit, sondern auch seine Bewohner, die Naturwesen.

Wir Menschen gehen in den Wald, in die Natur, wir fühlen uns erholter, entspannter und können wieder Energie tanken. Wir spüren wieder mehr Freude und Leichtigkeit in uns, sind voll Zuversicht, dass wir unseren Alltag besser bewältigen können.

Diese Freude und Leichtigkeit ist es, die von der Grundenergie der Naturwesen auf uns übergeht. Sie sehen es als ihre Aufgabe an, uns diese positive Grundeinstellung zu übermitteln.

Es gibt Wälder bzw. Plätze, ich durfte selbst schon einige sehen, an denen man wirklich das Gefühl hat, hier ist das Reich der Zwerge zuhause. Ein Platz, aufgeräumt, belebt, man wird beim Anblick sofort wieder zum Kind und fühlt sich in das eine oder andere Märchen versetzt. Man betritt den Platz, wandert auf dem Moos, das sich weich wie ein Teppich anfühlt, und ist dabei jedoch ganz vorsichtig, um ja nichts zu zerstören, um ja niemanden zu verletzen.

Tanze nun gemeinsam mit mir in das Reich der Naturwesen!

Das Eindringen in dieses Reich, das Tanzen in die Freude und in die Leichtigkeit werde ich, der ich als stiller Beobachter diesem besonderen Schauspiel beiwohnen durfte, erzählen.

Wie so oft machten sich meine Frau und ich zu einem gemeinsamen Waldspaziergang auf. Es war eine besondere Energie zu spüren, als wir eine Anhöhe, eine Lichtung erreichten, die wie von einem feinen Nebel umgeben war. Alles Schwere fand darin keinen Platz, Leichtigkeit, Lebensfreude und Musik lag in der Luft.

Befand sich hier das Reich der Naturwesen? Diese Wesen leben im Hier und Jetzt, in der Gegenwart. Sie haben keine Angst vor der Zukunft. Sie empfinden keine negativen Emotionen gegenüber der Vergangenheit.

Was sie nicht verstehen, sind unsere ständigen Ängste und Sorgen, die sie wahrnehmen. Unsere permanente Ernsthaftigkeit, der Mangel an Lebensfreude, die belastenden Emotionen, die wir ständig mit uns herumtragen und auch unserer Umgebung weitergeben. Mit unseren negativen Gedanken und Sorgen verschmutzen wir nicht nur unsere Umgebung, sondern auch ihren Lebensraum.

Sie sind ein Volk mit freudvollen Emotionen, bei denen Lebensfreude und Leichtigkeit im Mittelpunkt stehen.

Dieses Lachen, diese Lebensfreude ging sofort auf meine Frau über. Sie wollten mit ihr tanzen. Das kindliche Gemüt, welches die Naturwesen prägt, ohne Vorurteile, mit einem Lied auf ihren Lippen, durfte sie voller Freude miterleben.

Den sprichwörtlichen Schalk im Nacken haben sie, Spontanität, Musik und Tanzen sind Teil ihrer Welt und gehören zu ihren wichtigsten Werten.

Aus Sicht von Andrea hat sich das so abgespielt:

Ich höre Musik!

Ist es das Rauschen der Blätter, das Zirpen der Grillen, das Zwitschern der Vögel?

Ich bewege mich im Takt der Musik, ich hüpfe, tanze und lache!

Wer bin ich?
Bin ich Mensch, bin ich Naturwesen?
Bin ich Lachen?
Bin ich Lebensfreude?
Bin ich Leichtigkeit?

Ich spüre die Schwere, die Last, die Sorgen und Ängste, wie sie im Nebel verschwinden, sie lösen sich auf. Mit jeder Belastung, die aus meinem Körper geht, kommt mein verloren gegangenes Lachen, meine Leichtigkeit, meine Freude wieder zu mir zurück.

Ich kann niemanden sehen, doch spüre ich die Anwesenheit derer, die mir meine verloren gegangenen Werte zurückgebracht haben und deren Liebe ich bis in mein Innerstes spüren darf.

Und jetzt weiß ich, wer ich bin.
Ich bin Liebe!

Ich öffne mein Herz und spüre die Liebe in mir und um mich herum, ein Gefühl, welches ich in dieser Art noch nie wahrgenommen habe.

Ich darf erfahren, was Liebe und Glück bedeuten!

Ich beginne mich selbst zu lieben und ich erkenne:
Ich bin der Lage, auch andere Menschen zu lieben.

Ich bin eins mit mir, ich bin in mir.
Ich bin frei von Gedanken, frei von Emotionen, ich bin nur ICH.

Es gibt nichts, an das ich denken, um das ich mich kümmern muss.

Es gibt kein Gestern, kein Morgen, es existiert nur das Jetzt und das Hier in diesem Moment und ich genieße es.

Die Zeit scheint stillzustehen.

Ich bin eingedrungen in eine andere Welt und habe dort viele Geschenke erhalten.

Ich muss mir dieser Geschenke auch immer wieder bewusst werden, denn es geht ganz schnell, dass das Materielle wieder in den Vordergrund rückt und einen der Alltag wieder überrollt.

Doch bin ich in der glücklichen Lage, dass ich mit Hilfe ganz besonderer Wesen erfahren durfte, was Leben und Lieben wirklich bedeuten.

Da sich die Naturwesen durch uns Menschen immer mehr bedroht fühlen, ziehen sich manche von ihnen mehr und mehr zurück. Sie trennen sich von einem friedlichen Miteinander mit uns Menschen und suchen sich Rückzugsgebiete, die nicht an der Erdoberfläche liegen, sondern sie haben sich eine Welt erschaffen, die unter dem Erdboden liegt.

Ein Teil der Naturwesen lebt sozusagen in einer zu uns parallelen Welt.

Wir leben auf einem Planeten mit mehreren Welten.

Die Baumwesen

Stellen wir uns eine Wiese vor, wir sehen Gräser, Blumen, Käfer, Schmetterlinge, Insekten, vielleicht sehen wir auch eine Katze, die gerade auf eine fette Beute lauert.

Das alles ist für uns völlig normal. Wir können es mit unseren eigenen Augen sehen.

Gehen wir nun in das Reich des Waldes. Wir sehen Bäume, Sträucher, Moose, Farne und Pilze, die uns auf unserem Weg begleiten. Ein Hase hüpft aufgeschreckt davon, als er uns wahrnimmt, er fühlt sich in seiner Ruhe gestört. Vögel zwitschern, eine Libelle lässt sich auf einem Buchenblatt nieder, ein Schauspiel, für uns völlig normal.

Doch dieses rege Treiben hier im Wald ist nur Teil unserer Realität, in Wirklichkeit nur ein kleiner Teil in der für uns vorstellbaren Welt.

Ziehen wir einen Vergleich Mensch – Pflanze, wir sind alle Lebewesen!
Für uns Menschen ist unser Körper nur eine Hülle, die wir nach unserem Tod ablegen.

Wie aber verhält es sich mit einem Baum, mit einer Pflanze?

Wir wissen um die Wichtigkeit eines Baumes für das Ökosystem Wald, die Wichtigkeit des Rohstoffes Holz.

Eine Pflanze verwelkt, wenn der Saftstrom unterbrochen wird, sie verfault, verschiedene Bodenlebewesen arbeiten an der Zersetzung weiter, durch den Kreislauf des Lebens können die Nährstoffe wieder in den Boden aufgenommen werden.

Es gibt jedoch noch etwas anderes, etwas das wir nicht unmittelbar vor uns hören und sehen können.

Es ist dies eine Welt, in die wir aber, wenn wir in unseren Gedanken ganz bei uns sind, wenn wir die Bäume und Pflanzen als reale Lebewesen betrachten, dann, ja dann wird es uns möglich, dass wir Menschen in diese Welt voller Wunder eintreten dürfen.

Ich verlasse nach meinem Tod meinen physischen Körper, meine Hülle.

Ich aber lebe weiter, wann, wo und in welcher Form auch immer, ich, meine Seele!

Ich bin ein Lebewesen, ich bin ein Mensch, ein Baum oder eine Pflanze.

Wenn ich – Mensch – eine Seele habe, dann muss doch ich – Baum – auch eine Seele haben. Ich bezeichne die Seele eines Baumes, die Seele einer Pflanze als die Baumwesen bzw. Pflanzenwesen. Diese Wesen sind der Baum, der Körper ist nur die Hülle, so wie es bei uns Menschen ist.

Wird nun ein Baum gefällt, so sucht sich dieses Baumwesen einen jungen, einen neuen Baum und bringt diesen erst jetzt zum Leben.

Daher ist es auch so wichtig, dass ich bei Begegnungen mit einem Baum, wenn ich mit ihm kommunizieren möchte, ihm liebevoll, respektvoll und achtsam entgegentrete.

Wenn Bäume gefällt werden, ist es für viele Menschen völlig normal, dass sie mit diesem Baum, genau genommen mit der Seele des Baumes, also dem Baumwesen, Kontakt aufnehmen und mit ihm kommunizieren. Dem Baumwesen wird klargemacht, warum dieser Schritt notwendig ist, es hat Zeit aus seinem Körper zu gehen, sich zu verabschieden und sich einen neuen Körper zu suchen, um auch diesen wieder zu beleben.

Wir leben in einer momentan für uns Menschen sehr herausfordernden Zeit.

So wie wir Ängste vor einer ungewissen Zukunft entwickeln, so ergeht es auch den Baumwesen. Naturkatastrophen, Massenabholzungen bedeuten für diese Wesen, dass ihr Lebensraum zerstört und genommen wird.

Wo sollen sie hingehen und leben, wenn keine neuen Hüllen mehr vorhanden sind?

Kann ich diese Baumwesen sehen, hören, spüren? Wie kann ich mit diesen Wesen Kontakt aufnehmen?

Wenn du z. B. während einer Meditation im Wald ganz in dir, in deiner Mitte, frei von Gedanken, frei von deinem Ego, frei von Manipulation bist, so nimm einen Baum, deinen Baum wahr und bitte ihn, dass du diesen deinen Baum als Lebewesen sehen darfst. Fokussiere deine Gedanken auf das Lebewesen Baum. Wenn du die klaren Linien, die Reinheit und Schönheit erkennen kannst, dann offenbart sich dir ein Gesicht.

Das Lebewesen Baum zeigt dir sein Gesicht.

Je öfter du einen Baum als Lebewesen betrachtest, je mehr Zeit du dir dafür nimmst, dir einen Baum ganz bewusst anzusehen, umso häufiger und auch schneller wirst du in Zukunft nicht nur die Hülle, sondern auch das Wesen zu sehen, aber auch zu hören und zu spüren bekommen.

Erschrecke nicht, sondern kommuniziere mit ihm.

Dass bereits unsere Vorfahren über ein großes Wissen dieser unsichtbaren Bewohner verfügten, sie achteten und dieses Wissen bei ihren täglichen Arbeiten integrierten, soll das folgende Beispiel zeigen:

In einem unserer Seminare erinnerte sich eine ältere Teilnehmerin an ihren Großvater, einen sehr naturverbundenen Mann, für den die Welt der Baumwesen real und selbstverständlich war.

Dieser besagte Mann lebte in einer Salzburger Gebirgsregion und fällte von Zeit zu Zeit Bäume aus seinem eigenen Wald, wenn er diese benötigte, und ging dabei sehr achtsam mit der Natur, mit dem Wald um. Für ihn gab es klare Vorgaben für das Fällen der Bäume. So hielt er sich an die richtige Jahreszeit (Winterschlägerung) und auch an die entsprechende Mondphase, damit die Eigenschaften des Holzes optimal genutzt werden konnten.

Wenn Bäume gefunden wurden, die geschlägert werden sollten, so wurden die betroffenen Baumwesen der Bäume gefragt, ob sie bereit wären, **ihren** Baum freizugeben. Die Baumwesen konnten sich somit auf die neue Situation einstellen.

Der Mann bedankte sich bei ihnen, *schulterte* sie, wie er es nannte, und brachte sie zu ihrem neuen, jungen Baum, zu ihrem neuen Wohnort, den sie ab nun zum Leben erwecken konnten, dies geschah in gegenseitiger Wertschätzung.

Erst wenn uns bewusst ist, was hinter einer Baumrinde steckt, werden wir Menschen wieder liebevoller, respektvoller und achtsamer mit der Natur und unseren Mitbewohnern umgehen.

Pflanzendevas

Wir alle wissen um die Bedeutung von Kräutern bzw. Heilkräutern. Wir nutzen deren heilende Informationen, sei es in Form von Tees, Salben, Tinkturen und sonstigen Arzneiformen.

Der Geist dieser Pflanzen sind Wesen, die über Heilkräfte verfügen, deren Wirkungen wir Menschen nutzen dürfen. Diese Wesen sind es, die wir als Devas bezeichnen.

Auf die heilende Wirkung von Bäumen auf uns Menschen wurde in diesem Buch schon hingewiesen, doch möchte ich nun noch eine weitere Möglichkeit aufzeigen, wie man die heilende Wirkung von Bäumen und Pflanzen nutzen kann.

Dazu bedarf es einer kurzen Geschichte.

Als wir eines Abends in der Nähe unseres Heimatortes, an einem kleinen See, inmitten eines Waldes spazieren gingen, trafen wir Freunde bei einer ganz speziellen Arbeit. Sie waren dabei Heilessenzen von Bäumen zu gewinnen, dies sollte in einer Neumondnacht passieren, da die Wirkung der Pflanzen in dieser Mondphase verstärkt wird.

Kleine, blaue Arzneifläschchen, die kein Licht durchließen, wurden mit Wasser aus dem dortigen See gefüllt und an ganz speziellen Plätzen rund um den See platziert. Diese Fläschchen wurden um, am oder in einen Baum, Strauch oder eine Pflanze gelegt, sei es unter einem Wurzelarm, in einem Astloch oder an sonstigen Stellen. Eine Flasche wurde sogar mittels eines rasch improvisierten Flaschenzugs in der Krone eines Baumes befestigt.

Die Plätze wurden ganz individuell ausgesucht, sei es durch das Bauchgefühl, eine ganz spezielle Intuition oder auch durch Austesten mittels Pendel oder Tensor.

So wurden insgesamt 18 Fläschchen verteilt, die am nächsten Tag von uns wieder eingesammelt wurden. Die Absicht dahinter war, dass sich die heilende Wirkung der Bäume, Sträucher und Pflanzen auf das Wasser überträgt.

Möglich oder nicht möglich?

Ehrlicherweise hatte ich diesbezüglich keine Ahnung, doch gab mir die folgende Begebenheit Antwort auf diese Frage.

Wie schon gesagt, die Fläschchen wurden eingesammelt und wir nahmen sie zu uns mit nach Hause, um sie später unserem Freund zu bringen, der die Wirksamkeit dieser Essenzen genauer untersuchen und auch testen wollte.

So blieben die Fläschchen eine Nacht bei uns, abgestellt auf einem Schreibtisch, unweit unseres Schlafzimmers.

Meinem Mann gelang es nicht mich am Morgen zu wecken, ich hatte eine Durchschlafphase von 14 Stunden und wurde erst um die Mittagszeit mit starken Kopfschmerzen munter.

Werner lieferte währenddessen die Essenzen ab, die Fahrt war jedoch sehr herausfordernd, da er völlig wirr und unkonzentriert war.

Scheinbar zeigten die Essenzen ihre volle Kraft, geballt war die Wirkung der Summe aller 18 Fläschchen für unseren menschlichen Organismus aber zu viel des Guten.

Diese Essenzen liegen nun im Keller, fein verpackt in einer Holzkiste. Immer wieder wird ein Fläschchen intuitiv herausgenommen, in einer Hand gehalten, auf eines der Chakren oder auf sonst eine Körperstelle gelegt. Die Kraft, die Energie, die von ihm ausgeht, ist für viele Menschen spürbar. Man muss die Wirksamkeit der einzelnen Bäume, Sträucher und Pflanzen, die durch das Wasser aufgenommen und gespeichert ist, nicht unbedingt wissen, denn wir Menschen haben die Fähigkeit, dass man sich genau das für einen passende Fläschchen, mit der für sich heilenden Essenz auswählt.

Die Fläschchen sind übrigens nur mit Wasser und der Energie der jeweiligen Bäume, Sträucher und Pflanzen gefüllt, es wurde kein Alkohol zur längeren Haltbarkeit hinzugefügt. Die Qualität des Wassers hat sich aus der Sicht von außen nicht verändert.

Hüter eines Ortes – Wächterwesen

Der Hüter eines Ortes hat die Aufgabe, Grundstücke und Gebäude mit seinen Bewohnern zu schützen. Er wird dabei oft von anderen Naturwesen, den Wächterwesen, unterstützt, die im Laufe der Zeit in ihrer Aufgabe und Funktion wachsen dürfen, sofern sie von uns Menschen durch liebevolle Zuwendung und Aufmerksamkeit darin bestärkt werden.

In diesem Buch ist sehr viel über Schutz zu lesen, daher möchte ich darauf hinweisen, dass niemand Angst vor irgendjemandem oder irgendetwas haben muss. Es liegt in der Natur der Sache, dass, alles was uns lieb und wert ist, von uns geschützt wird.

Alles, was uns lieb und wert ist!

Bin ich mir lieb und wert?

Also sollte es jetzt wohl klar sein, dass auch ich mich, mein Haus und mein Grundstück mit all seinen Bewohnern schützen darf.

Finde heraus, wo jene Stellen an deinem Grundstück sind, wo die Wächterwesen ihren Platz haben. Frage sie, was sie benötigen, was du für sie tun kannst, damit sie eine lichtvolle Schutzarbeit für dich, dein Grundstück, dein Haus mit all seinen Bewohnern ausüben können.

Gehe dabei wie folgt vor:

Wenn du ein Grundstück, ein Haus bereits bewohnst oder ein Bauvorhaben abgeschlossen hast, so bitte die lichtvolle geistige Welt dir bei der Verbindung zu dem Hüter deines Ortes zu helfen.

Bitte den Hüter deines Ortes um Unterstützung bei der Aktivierung deiner für dein Grundstück zuständigen Wächterwesen.

Betrachte dein Grundstück, gehe entlang der Grundstücksgrenze.
Wo verspürst du eine besonders positive Energie?
Wo fühlst du dich wohl?
Wo ist ein Platz schon sehr liebevoll gestaltet?

Wir wissen und das soll auch eine wichtige Botschaft dieses Buches an uns Menschen sein:

Es wird uns geholfen, wenn wir darum bitten!

Daher *müssen* diese Wächterwesen erst von uns Menschen gebeten werden, damit sie für unseren Schutz arbeiten.

Aus einer Intuition heraus hast du das Gefühl, dass du genau hier an dieser Stelle eine Blume, ein kleines Bäumchen anpflanzen solltest. Tue es auch!

Teile deinen Wächterwesen mit, dass du hier einen schönen Platz für sie hergerichtet hast, dass du hoffst, dass er ihnen gefällt, und bitte, dass sie in Zukunft ihre lichtvolle Tätigkeit und ihren Schutz für dieses Grundstück und seine Bewohner aktivieren mögen.

Gehe immer wieder an diesen Platz, verbreite liebevolle Gedanken, damit die Wesen wachsen und an Kraft gewinnen, damit sie in ihrer Funktion und Aufgabe sich entwickeln können.

Dies ist ein Beispiel aus unserem alltäglichen Leben, wie wir gemeinsam im Einklang mit den Naturwesen unseren Lebensraum bewohnen und uns gegenseitig unterstützen können.

Finde selbst heraus, wie du deinen persönlichen Lebensraum für dich, deine Familie, die Natur und die Naturwesen positiv gestalten kannst, damit wir, unsere Kinder und Enkelkinder in Freude und Harmonie auf unserem Planeten leben können.

Ein Rückblick, ein Innehalten, ein Ausblick!

Rückblickend sind 40 Jahre berufliche Tätigkeit als Förster in der Forstwirtschaft rasend schnell vergangen. Als aktiver Teil durfte ich diese interessante Zeit miterleben und mitgestalten, jene Zeit, in der die Forstwirtschaft Teil technischer Innovationen war und ist.

Es sind Erfahrungen und Erkenntnisse, wie weit der Mensch technischen Entwicklungen in der Natur nutzen und einbringen darf, ohne diese zu zerstören.

Erfahrungen und Lerneinheiten über die feinstoffliche Welt, außerhalb unserer täglichen Realität lassen uns unsere eigene Begrenztheit erkennen und erweitern unseren Horizont.
   Diese Erfahrungen dürfen wir nun nutzen. Es ist die Chance, durch sie die Erkenntnis zu erlangen, dass das einzig perfekte System die Natur selbst ist und wir von ihr lernen dürfen.

Eine weitere Erkenntnis ist, dass wir aus der Erfahrung der Vergangenheit und dem Wissen der Gegenwart unsere Handlungen und Denkweisen bewusst gestalten und ausrichten sollten, um eine positive Zukunft für uns, unsere Kinder und unsere Umwelt zu schaffen.

Wir danken all jenen Menschen sowie all jenen Wesenheiten, die uns immer wieder geholfen haben, Dinge zu erkennen, zu lernen und neue Sichtweisen für die Zukunft des Waldes, der Natur und uns Menschen zu entwickeln!

Erkenntnisse der anderen Art, über eine Welt, die außerhalb unserer Realität und normalen Wahrnehmung ist, durften wir im Laufe der letzten Jahre immer wieder erfahren.

Unser Weg, unsere Aufgabe, die feinstoffliche Welt für uns verständlicher zu machen, führte uns über viele gemeinsame Erlebnisse, grenzwertige Situationen und Lernprozesse, welche letztendlich Informationen über diese Welt gaben.

Es ist Zeit, diese Welt als Teil unserer Realität, als Teil der neuen Zeit zu begreifen und anzunehmen.

Dieser Prozess und die daraus resultierenden Erkenntnisse, wie wir diese Welt in der neuen Zeit hilfreich unterstützen können, sind ein wichtiger Beitrag für die gesamte Natur.

Danke an die Menschen, die uns in unseren Denk- und Handlungsweisen unterstützt haben, danke für euer Vertrauen. Danke an all jene, die uns Mut zugesprochen und uns in unserem Vorhaben unterstützt und bestärkt haben.

Wir gehen nun den nächsten Schritt voller Vertrauen gemeinsam in unsere Zukunft, eine lebenswerte Zukunft, die wir selbst erschaffen.

Über die Autoren

Andrea Buchberger, Pädagogin in Oberösterreich und leidenschaftliche Mathematikerin, begleitet ihren Mann Werner als Seminarleiterin bei *Waldbaden* und *Erdheilung*.

Durch ihre feinfühligen und medialen Fähigkeiten hilft sie Menschen wieder in ihre Mitte zu kommen.

Werner Buchberger arbeitet seit 35 Jahren als Förster in den Wäldern des Innviertels (Österreich), wo sich auch der größte zusammenhängende Wald Mitteleuropas befindet.

Durch seine Kenntnisse in der Heilarbeit durfte er immer tiefer in die feinstoffliche Welt von Mutter Natur eintauchen.

freya BUCHTIPPS

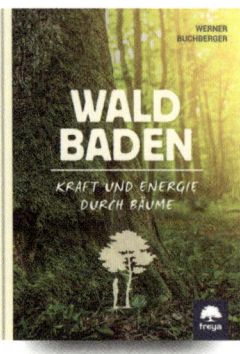

Werner Buchberger

Waldbaden
Kraft und Energie durch Bäume

Jahrtausende schon existent, erlebt er gerade in unseren Tagen wieder verstärktes Interesse: der Wald. Als Ort der Besinnung, der Ruhe, des Kraftschöpfens birgt er mehr für unsere Gesundheit in sich, als uns oft bewusst ist. Der aus dem Japanischen kommende Begriff „Waldbaden" steht für eine neue, aktuelle Nutzung des Waldes als Heilplatz und Gesundheitsquelle. Eine Fülle an Übungen lässt uns mit den Bäumen und dem Ökosystem Wald eins werden und öffnet Geist und Körper für heilende und helfende Informationen.

ISBN 978-3-99025-290-1

Werner Buchberger

Naturverbunden leben
Waldbaden 3.0

Waldbaden ist für viele Menschen heute ein klar definierter Begriff, der die gesundheitsfördernden Wirkungen des Waldes widerspiegelt.

Waldbaden ist eine bewusste Lebenseinstellung. Im Buch wird der Wald als Spiegel unserer Gesellschaft gezeigt und was wir von ihm lernen können. Der Wald und die Natur zeigen uns die Getrenntheit, in der wir leben auf, obwohl wir Teil dieses natürlichen Systems sind. Dem Leser/der Leserin wird bewusst, dass es mehrere Ebenen des Waldbadens gibt und dadurch verschiedenste heilsame Wirkungen für uns Menschen möglich sind. Durch den Zugang des Fühlens ist eine gesamtheitliche Erfahrung mit den heilenden Informationen des Waldes und der Bäume möglich. Die Wissenschaft ist gerade dabei, viele dieser einzelnen Wirkungen zu bestätigen. Die Gesamtheit der positiven Wirkungen des Waldes und der Bäume wahrzunehmen ist jedoch nur über das bewusste Fühlen und die bewusste Verbindung mit dem Wald möglich.

ISBN 978-3-99025-357-1

READ GLOBAL BUY LOCAL

Erhältlich im gut sortierten Buchhandel.
www.freya.at   www.freya-verlag.de